게이뤼삭이 들려주는 물 이야기

게이뤼삭이 들려주는 물 이야기

초　판　1쇄 발행일 | 2006년 6월 29일
개정판　1쇄 발행일 | 2010년 9월 1일
개정판 12쇄 발행일 | 2021년 5월 31일

지은이 | 임수현
펴낸이 | 정은영
펴낸곳 | (주)자음과모음

출판등록 | 2001년 11월 28일 제2001−000259호
주　　소 | 04047 서울시 마포구 양화로6길 49
전　　화 | 편집부 (02)324−2347, 경영지원부 (02)325−6047
팩　　스 | 편집부 (02)324−2348, 경영지원부 (02)2648−1311
e−mail　| jamoteen@jamobook.com

ISBN 978−89−544−2088−4 (44400)

게이뤼삭이
들려주는
물 이야기

| 임수현 지음 |

㈜자음과모음

게이뤄삭을 꿈꾸는 청소년을 위한
'물' 이야기

물은 세상을 이룹니다. 지구의 약 70%는 물인 바다로 이루어져 있습니다. 바다뿐만이 아니라 빙하도 물로 이루어진 것이지요. 또 물은 생명을 이루기도 합니다. 인체의 66% 정도가 물로 이루어져 있고, 사람뿐만이 아니라 동물들이나 식물들의 몸도 물로 이루어져 있습니다. 복숭아와 수박 같은 과일은 90% 정도가 물로 이루어졌지요.

물은 지표의 모양을 변화시킵니다. 산 위에서부터 흘러 바다까지 가는 동안, 돌을 부수고 운반하고 토양을 깎고 쌓으면서 지표의 모양을 변화시켜 갑니다.

물은 자유롭게 변신합니다. 얼음이 되어 있는가 하면, 어느새 물이 되어 세상을 흘러다닙니다. 그러다가 어느새 기체가 되어 공기 중을 자유롭게 여행하지요. 그러면서 물은 순환합니다. 지표로 흐르는 물은 증발하여 하늘로 올라가 구름이 됩니다. 그 구름은 우리가 사는 곳에 비를 뿌리고, 비로 내린 물은 다시 지표를 흐르지요.

물은 스스로 깨끗해질 수 있습니다. 좀 오염된 물이라 할지라도 흐르면서 호기성 미생물들의 도움을 받아 스스로 정화될 수 있습니다. 이뿐만 아니라 물은 땅과 대기로 순환하면서도 정화됩니다. 지구가 커다란 정수기가 되는 것이지요.

이 책은 생활 곳곳에서 만날 수 있는 물에 대한 이야기를 다루고 있습니다. 우리의 생활과 물이 어떤 상호 작용을 하는지, 물의 성질은 어떠한지에 대한 이야기입니다.

물은 사람이 항상 접하게 되는 물질이기 때문에, 물을 잘 알아야 생활 속에서도 잘 활용할 수 있습니다. 더울 때도 추울 때도, 폭우가 내릴 때도 가뭄일 때도 물을 잘 사용하여 자연으로 돌려 주기 위한 공부에 도움이 되길 바랍니다.

임 수 현

차례

1

우리의 **생활** 속에 **함께** 있는 **물**

물은 어디에나 있습니다. 바다에도 있고 강이나 호수에도 있고
꽃에도 있으며 우리 몸에도 있습니다.
이러한 물은 어디에서 생기는 것일까요?

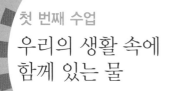

1

첫 번째 수업

우리의 생활 속에
함께 있는 물

게이뤼삭이 학생들을
바닷가 캠핑장으로 데려가서
첫 번째 수업을 시작했다.

버스에서 내리는 학생들은 이제 곧 온통 맑고 푸른 바닷가에서 수업할 생각에 들떠 있다. 바닷가 캠핑장에서의 수업은 8일 동안 진행될 예정이다.

___게이뤼삭 선생님, 이런 곳에서 수업을 하셔서 기분이 매우 좋아요.

___재미있고 즐거운 수업이 될 것 같아요.

자, 각 조별로 정해진 방으로 들어가 여행 가방을 정리하세요. 방 정리가 끝나면 바닷가로 가서 시원하게 물놀이를 할 거

예요.

　＿게이뤼삭 선생님은 우리들 마음을 정말 잘 이해해 주셔. 캠프장에서 공부부터 하자고 하시지 않으니…….

방 정리가 끝난 학생들은 바닷가로 뛰어나가 튜브를 타고 서로 물을 끼얹으며 공놀이를 했다. 몸이 물을 타고 위아래로 움직였다. 잔잔한 파도를 타고 해변까지 왔다가 다시 멀어지기도 했다.

해변에서 너무 멀어지지 않도록 조심하세요.

게이뤼삭은 모래 위에 앉아서 학생들의 놀이를 지켜보았다.

　＿오늘은 수업을 안 하실 건가 봐. 이렇게 계속 놀게 해 주

시니 말이야.

__ 항상 이런 캠프만 왔으면 좋겠어.

__ 그래도 과학 캠프니까 수업은 하게 될 거야.

__ 공부는 즐거운 마음으로 해야 하는 거지.

수업은 해야 되는 것이라고 말은 하고 있지만 학생들은 당장이라도 선생님이 수업하자고 하실까 봐 은근히 걱정이 되는 눈치였다. 그때 검은 구름이 빠르게 서쪽 하늘에서 이동해 왔다.

자, 이제 그만 물에서 나오세요. 옷을 갈아입는 즉시 모두 강당으로 모이세요.

물놀이를 더 하고 싶은 몇몇 학생들은 늑장을 부렸지만, 곧 비가 내리기 시작하자 서둘러 물 밖으로 나왔다.

하늘에서 쏟아지는 물

잠시 후, 강당 안에서 학생들이 소곤거렸다.

__ 더 놀 수 있었는데 비가 내려서 수업하게 됐어.

__ 이 캠프에서는 원래 매일매일 해야 하는 수업이 정해져 있어.

__ 무슨 내용의 수업일까?

__ 흥미로운 수업이었으면 좋겠어.

__ 혹시 물이나 기체에 대한 수업이 아닐까?

더 놀고 싶은 마음은 굴뚝같았지만, 학생들은 벌써 수업에 대한 호기심으로 가득했다.

여러분, 놀이는 즐거웠나요? 갑자기 소나기가 내려서 놀이를 그만두게 되어 아쉽지요? 하지만 내일 더 놀기로 해요.

조금 전에 우리가 놀았던 바다는 어떻게 그리도 많은 물이 모여 있을까요? 마치 바다라는 그릇에 물을 가득 담아 놓은 것과 같이 보이지요. 어디에서 퍼 담은 물일까요?

__ 바닷물은 강에서 흘러 들어온 것이지요.

__ 강물은 여러 시냇물이 모여서 이루어진 것이고요.

그럼 시냇물과 같은 작은 물의 흐름은 어떻게 모여 이루어진 것일까요?

__ 비가 내려서 흐른 물이 시냇물로 모이고, 시냇물이 모여서 강물이 되고, 강물이 모여서 바다로 나가는 것이지요.

그럼 비가 내려서 물들을 바다로 모이게 했다는 것인데, 하늘에서 비는 왜 내리나요?

__ 하늘에는 구름이 있어요. 또한 구름은 물을 갖고 있지요.

＿조금 전 비가 내릴 때에도 구름이 하늘에 가득했었지요.

　구름이 갖고 있던 물을 비로 만들어 세상에 뿌리게 되는 것이군요.

　＿선생님, 시냇물이나 강에서도 바다로 물을 흘려보내고, 구름도 비를 내리게 하니, 바닷물이 자꾸 많아지겠네요?

　아주 중요한 질문이에요.

물의 순환

　하늘에서 내리는 비는 물입니다. 비는 온 세상에 물을 뿌려 주고 사람들로 하여금 사용할 수 있도록 해 줍니다. 온 세상에 내리는 비는 하천이나 바다로 모이게 됩니다.

　여러분, 빨래는 어떻게 마르게 되지요?

　＿그야 증발이 되어서죠.

　＿젖은 빨래의 표면에서 물이 수증기로 증발되어 빨래가 마르는 것이지요.

　물을 마시다가 남긴 물컵을 며칠 후에 보면, 물이 줄었다는 것을 보게 되지요. 이 또한 증발의 예입니다. 그런데 증발된 물은 어디로 갈까요?

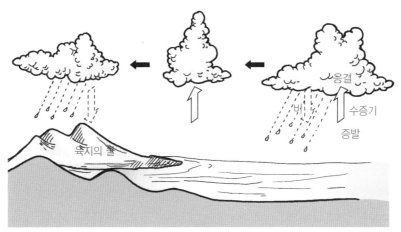

물의 순환

　　__공기 중으로 날아가지요. 공기 중으로 증발된 물은 하늘로 높이높이 올라가 구름이 되어요.

　　__구름은 비를 뿌리게 되고, 비로 내린 물은 다시 바다로 모이게 되지요.

　　물론 증발은 바다에서만 일어나는 것이 아니고 지표면 어디에서나 일어나는 거예요.

　　__물은 새로 만들어지는 것이 아니고 우리 생활 속에서 계속 순환하는 거네요.

　　학생들은 물이 지표면과 구름 사이를 계속 순환한다는 사실이 무척 흥미로웠다.

__ 선생님, 우리가 생활 속에서 사용한 물은 지구의 모든 곳에서 증발이 되고 구름이 되어 비로 내린다는 것이지요? 비로 내린 물은 다시 사용되고 또 증발되어 구름이 되고…….

__ 언제까지라도 계속 순환하는 거네요.

__ 아하, 바닷물은 점점 많아져서 넘치는 것이 아니구나.

물은 바다나 강, 호수에만 있는 것이 아닙니다. 지하수에도 있고 빙하에도 있습니다. 우리는 생활 속에서 많은 물을 사용하고 있습니다. 우리가 먹는 과일이나 채소 속에도 수분이 들어 있고, 우리가 섭취한 과일이나 채소의 수분은 우리 몸을 이루기도 합니다. 물은 열매나 우리 몸만 이루는 것이 아닙니다. 꽃 속에도 있고 식물의 잎에도 있습니다. 지구의 모든 생물들이 물을 주요 성분으로 몸을 구성하고 있습니다.

또한 우리 생활 속에서 물은 청결을 유지하는 생활용수로도 사용됩니다. 물은 우리에게 없어서는 안 될 참으로 중요한 물질이지요. 이러한 물이 지구 표면과 구름 사이를 순환한다니 다행스럽습니다. 물이 없어질 리 없으니까요.

__그런데 선생님, 우리나라는 물 부족 국가라는데요, 물이 자꾸 없어지는 것은 아닌가요?

허허, 한국은 연간 강수량이 세계 평균 강수량보다 많지만,

비가 내리는 기간이 여름철에 집중되어 있습니다. 게다가 인구 밀도가 높은 편이어서, 연간 1인당 물 사용량을 따져 보면 부족할 수 있다는 것이지요.

　비, 눈, 우박 등을 모두 합하여 하늘에서 내리는 물의 양을 강수량이라고 하고, 지구 표면에서 증발이 일어나는 물의 양을 증발량이라고 하는데, 여러분이 사는 한국은 증발량이 더 많은 편에 속합니다.

　__ 우리나라와는 반대로 비가 많이 내리는 나라도 있겠군요.

　__ 비가 많이 내리든 그렇지 않든 간에 우리가 사용한 물은 다시 자연으로 돌려줘야 하는 것이네요.

　너무 오염이 많이 된 물은 죽은 물이 되어 증발되지 않고 순환도 못하게 된답니다.

　__ 사용한 물을 자연으로 돌려주고 다시 사용하려면 물의 순환이 잘 일어나도록 오염시키지 말아야겠군요.

　__ 물을 잘 이용하려면 물에 대해 잘 알아야 할 것 같아요.

　__ 이번 수업의 주제는 물이지요?

　바닷가에서 더 놀고 싶은 마음이 간절한 채로 수업을 시작한 학생들은 어느새 수업 내용에 큰 관심과 호기심을 갖게 되었다.

예, 그렇습니다. 앞으로 캠프가 진행되는 8일 동안 우리는
물에 대해 조금씩 알아 갈 것입니다.

빨래 끝~~!

그런데 빨래에서 증발한 물은 어디로 가는 걸까?

증발한 물은 공기 중으로 가서 하늘 높이 올라가 구름이 되고 구름은 비를 뿌리게 되지요.

그럼 물은 없어지는 게 아니고 계속 순환하는 거네요.

다행이에요. 저는 바닷물이 점점 많아져서 넘치지 않을까 매일 걱정했어요.

별 걱정을 다해.

물은 바다나 강, 호수에만 있는 것이 아니라 지하수에도 있고 빙하에도 있어요.

과일이나 채소에도 수분이 있는데, 이 수분은 우리 몸을 이루기도 해요. 지구의 모든 생물들의 몸에도 물이 주성분이지요.

물은 생활용수로도 사용하니까 없어서는 안 될 참 중요한 물질인 것 같아요.

그런데 일기예보에 나오는 강수량은 무슨 뜻인가요?

강수량은 비, 눈, 우박 등을 모두 합해서 하늘에서 내리는 물의 양을 말해요.

반대로 지구 표면에서 증발이 일어나는 물의 양을 증발량이라고 하는데, 한국은 강수량보다 증발량이 더 많은 편에 속하지요.

그렇군요. 앞으로 물에 대해 많이 알려 주세요.

2

기상 현상을 일으키는 물

비나 눈은 같은 물일까요?
지구에서는 왜 기상 현상이 일어나는 것일까요?

2

두 번째 수업

기상 현상을
일으키는 물

게이뤼삭이 안경을 고쳐 쓰며
두 번째 수업을 시작했다.

어제 내린 소나기는 바로 개었지만 오늘 아침이 되자 다시 하늘이
어두워졌다. 학생들은 밖으로 나가 놀이를 하고 싶었기에 날씨에
관심이 많아지게 되었다. 아침 식사 시간에 학생들은 관심을 갖고
일기 예보를 들었다.

"오늘은 기압골의 영향을 받겠습니다. 강원 남부 동해안 지
방과 강원 남부 산간 지방은 흐리고 한두 차례 비가 오겠습니
다. 강수 확률은 80%입니다. 천둥 번개와 함께 비가 내리는
곳도 있겠으니 주의하시기 바랍니다. 안개 끼는 곳도 있겠으

니 교통 안전에 유의하시기 바랍니다. 낮 최고 기온은 31℃,
예상 강수량은 5.5mm입니다."

＿오늘도 비가 내릴 건가 봐.

＿5.5mm 정도면 조금 오는 건가?

＿ 일기 예보는 잘 맞지 않아.

학생들은 괜히 일기 예보에 심술을 부렸다.

＿ 비가 오는 날과 오지 않는 날을 우리가 조절할 수 있다
면 좋겠지?

＿ 구름 위에 있던 물방울들은 왜 지표로 떨어지게 되는 것
일까?

＿ 눈도 구름에 있던 걸까?

＿ 구름 위에는 물이 없나?

영빈과 친구들은 머릿속을 온통 호기심으로 가득 채우며 강당으로
들어섰다.

대기권

__ 물이 지표면과 구름 사이를 계속 순환한다면 구름보다 높은 곳에는 물이 없나요?

수업이 시작되자마자 영빈이가 질문을 했다. 게이뤼삭은 고개를 끄덕이며 긴 설명을 시작했다.

우리가 사는 지구의 대기권은 크게 4개의 층상 구조로 이루어져 있습니다. 지표에서 가까운 곳으로부터 대류권, 성층권, 중간권, 열권으로 구분됩니다. 우리가 주로 생활하는 곳은 대류권입니다. 대류권에서는 지표에서 위로 올라갈수록 기온이 낮아져서 대류 현상이 일어납니다.

혹시 부모님을 따라 사우나에 들어가 본 적이 있나요?

__ 예. 하지만 너무 뜨거워서 빨리 나왔어요.

사우나에서 가만히 서 있으면 얼굴 부분의 공기가 더 뜨겁던가요, 아니면 다리 부분의 공기가 더 뜨겁던가요?

__ 얼굴이요. 사우나 위쪽의 공기가 더 뜨거워서 사람들은 앉아 있거나 누워 있어요.

그렇습니다. 찬 공기와 뜨거운 공기가 만나면 찬 공기는 가

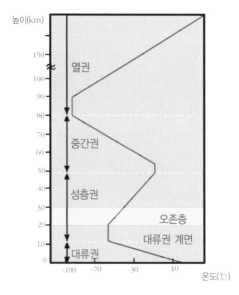

대기권의 층상 구조

과학자의 비밀노트

대기권(atmosphere)

지표로부터 약 1,000km 높이까지 지구를 둘러싸고 있는 공기층을 말한다.
높이에 따른 기온 변화를 기준으로 지표로부터 대류권, 성층권, 중간권, 열
권으로 구분할 수 있다. 먼저 지표면으로부터 약 10km 높이까지 올라갈수
록 기온이 낮아지는 구간을 대류권이라고 한다. 10~50km 높이의 구간은
성층권이라 하는데, 이 구간에는 자외선을 흡수하는 오존층이 포함되어 있
다. 50~80km 높이의 구간은 중간권이라고 하며, 이 구간에서는 별똥별이
자주 관측된다. 높이 80km 이상의 구간은 열권이라고 하며, 이 구간은
공기가 가장 희박하여 밤과 낮의 기온 차이가 매우 크고 오로라를
관측할 수 있다.

라앉고 더운 공기는 올라가지요. 차가운 것이 아래층에 있고 더운 것이 위층에 있는 것이 정상적이어서 안정층이라고 합니다.

하지만 우리가 살고 있는 곳은 산 위로 올라갈수록 기온이 어떻지요?

__ 떨어져요. 산 위로 올라갈수록 기온은 낮아지지요.

위층의 기온이 더 낮고 아래층의 기온이 더 높은 것을 불안정층이라고 합니다. 불안정층은 안정되지 않았기 때문에 계속해서 더운 공기와 찬 공기가 자신들의 정상적인 위치로 가기 위해 위아래로 순환을 하게 되지요. 이를 대류 현상이라고 합니다.

우리가 주로 생활하는 장소가 대기권 중에서 대류권입니다. 대류권에서는 공기의 대류 현상이 일어나서 지표면의 오염된 공기는 순환하게 되지요. 그런데 대류권에서는 대류 현상만 일어나는 것이 아니랍니다.

기상 현상을 일으키는 원인 – 물

눈, 비, 우박이 하늘에서 내리는 것을 우리는 기상 현상이라고 합니다. 이 기상 현상도 대류권의 특징입니다. 대류권보다 더 높은 성층권 이상에서는 구름이 없습니다. 구름이 만들어지지 않으니 눈이나 비가 내리지 않는 것이지요.

성층권이나 중간권, 열권에서는 구름도 없고, 구름이 없으니까 비나 눈도 내리지 않습니다. 기상 현상은 대류권에서만 일어난다는 것입니다.

아까 한 학생이 수업이 시작되자마자 구름보다 높은 곳에는 물이 없는지를 물어봤습니다. 이제 생각이 어떤가요?

__구름은 성층권 이상에서는 형성되지 않으므로 구름보다 높은 곳에서는 물이 없습니다. 물이 있다면 성층권 이상에서도 기상 현상이 일어났을 것입니다.

기상 현상이 일어나는 원인은 무엇이라고 생각되나요?

__물입니다. 물이 구름을 만들고 비도 내리게 합니다.

잘 이해했군요. 지구에 물이 없다면 기상 현상은 없는 것이지요. 구름과 비와 눈은 모두 물인데, 서로 어떻게 다른지 생각해 볼까요?

증발

증발

　지표면의 물은 증발이 일어납니다. 구름이 만들어지는 현상을 이해하기 위해서는 먼저 증발에 대해 알아보아야 할 것입니다.

　증발은 물의 표면에서 물이 수증기로 되는 현상이지요. 물이 수증기로 되는 또 다른 현상으로는 끓음이라는 것이 있습니다.

　증발과 끓음은 어떻게 다를까요?

　__증발은 물의 표면에서 수증기가 되는 거예요.

　끓음은 물의 내부에서 끓는 온도가 되어 수증기로 변하는 현상이지요.

빨래가 마른다든가, 마당에 뿌린 물이 없어지는 것은 증발이라고 합니다. 한편, 차를 마시기 위해 물을 보글보글 끓이는 경우를 끓음이라고 합니다.

증발이 잘 일어나는 환경을 만들려면 어떤 조건이 필요할까요?

학생들은 동그란 눈을 하고 재빨리 생각하는 듯했지만 대답이 빨리 나오지 않았다. 게이뤼삭은 씽긋 웃으면서 학생들의 생각을 도왔다.

증발이 잘 일어나는 조건을 생각하려면 빨래가 잘 마르는 경우를 생각해 보면 되지요.

　＿ 햇빛이 쨍쨍 비쳐야 해요.

　＿ 바람이 잘 불어야 해요.

　＿ 공기가 건조해야 해요. 장마철과 같이 비 내리는 날에는 공기가 습해서 빨래가 잘 마르지 않지요.

　예, 잘 생각해 냈군요. 지구 곳곳에서는 증발이 일어납니다. 물론 지구의 70%가량을 차지하고 있는 바다에서 가장 많은 양의 물이 증발되겠지요. 물은 증발되면 공기 중으로, 하늘로 여행을 가게 됩니다.

구름, 눈, 비

　지표면에서 증발로 인해 수증기가 된 물은 공기를 타고 하늘을 향해 올라갑니다. 하늘을 향해 올라가면서 조금씩 기온이 낮아지게 되지요. 기온이 낮아져서 찬 공기와 만나게 되면 수증기는 다시 물이 됩니다. 하늘에서 수증기가 다시 물로 되는 현상을 수증기 응결이라고 합니다. 수증기가 올라가다가 어느 높이에서 응결이 되면 다시 물이 된다는 것이지요. 작은 물방울이 된 수증기는 서로 뭉쳐서 구름을 이루게 됩니다. 다시 말해서 구름은 하늘에 떠 있는 물방울들인 셈이지요.

__ 아하, 구름이 바로 물이군요.

__ 구름을 이루고 있는 물방울들이 서로 뭉쳐서 무거워지면 지표로 떨어지게 되고, 그게 바로 비가 내리는 거지요?

이제 묻지 않아도 척척 이야기하는군요. 훌륭해요.

__ 구름이 물이니까 하늘에서 물이 비로 떨어지는 것은 이해가 되었어요. 그럼 눈이나 우박은 어떤가요?

지역에 따라 구름의 상층부는 물일 수도 있고 얼음 알갱이로 되어 있을 수도 있습니다. 기온이 급격히 낮아져서 하늘로 여행을 하던 수증기가 물이 되는 경우도 있지만, 기온이 영하일 경우에는 작은 얼음 알갱이들이 됩니다. 구름이 물방울로 이루어진 경우도 있지만 작은 얼음 알갱이들인 빙정으로 이루어질 수도 있습니다. 빙정이 내리게 되면 눈이 되는 것이지요. 빙정은 내리다가 녹을 수도 있습니다. 하늘에서 빙정이 떨어지다가 녹게 되면 다시 비가 되어 내리게 되는 것입니다.

학생들은 조용히 게이뤼삭의 이야기에 귀를 기울였다.

잘 들었나요? 이제 다른 이야기를 하고 질문을 해 보겠습니
다. 잘 듣고 생각해 보세요.

안개와 이슬

나는 며칠 전에 고향인 프랑스에 잠시 다녀오기로 했습니
다. 이른 시각에 타야 하는 비행기였기에 새벽에 인천 공항
으로 가야 했습니다. 공항을 향하는 도로는 앞이 보이지 않
을 정도로 뿌연 안개가 짙게 드리워져 있었습니다.

겨우 인천 공항에 도착하여 공항 안으로 들어가려 했습니
다. 무거운 짐 때문에 공항 외부의 철 구조물을 잡고 잠시 기
대어 있으려는데, 철로 된 파이프 구조물에는 물기가 촉촉하

게 맺혀 있었습니다.

짙은 안개는 어떤 상태의 무슨 물질일까요? 철 파이프 골 조물의 물기는 어디에서 온 것일까요? 밤새 사람들이 뿌려 놓은 물일까요?

학생들은 주춤거렸다.

질문이 너무 어려웠나요? 그럼 다른 질문을 먼저 해 보도 록 할까요?

게이뤼삭은 얼음이 들어 있는 물컵을 가지고 와서 이야기를 계속 했다.

여기에 얼음을 넣은 물컵이 있습니다. 곧 물컵의 표면에는 물방울이 방울방울 맺힐 것입니다. 벌써 물방울이 생기는군요. 여기 보이나요? 이 물방울은 어디에서 온 것일까요? 컵 안의 물이 밖으로 흘러나와 생긴 것인가요?

__ 아닙니다. 컵 안의 물이 흘러나간 것이 아니에요.

__ 물컵 표면의 물방울은 공기 중에서 온 것이지요. 공기 중의 수증기가 차가운 컵 표면을 지나가면서 다시 물방울로 된 거예요.

그럼, 처음 문제로 돌아올까요? 짙은 안개는 어떤 상태의 무슨 물질이며, 철 파이프 구조물의 물기는 어디에서 온 것이지요?

__ 얼음이 든 물컵 표면의 물방울과 같은 원리라면, 공기 중에서 생긴 것이어야 하지요?

__ 그럼 안개는 공기 중의 물방울이 지표 부근에 떠 있는 것인데요, 수증기가 아닌 물방울이 공기 중에 떠 있을 수도 있나요?

__ 구름은 지표보다 더 높은 하늘에 물방울들이 모여 있는 것이니까, 물방울이 공기 중에 떠 있을 수도 있을 것 같은데……

그렇습니다. 안개가 생긴 새벽은 전날과 비교하여 일교차가 큰 편입니다. 전날 증발이 활발하여 수증기를 많이 머금은 공기는 새벽이 되면서 온도가 급격히 떨어지면 수증기를 다시 물방울로 되돌려야 합니다. 공기는 기온이 높으면 수증기를 많이 머금을 수 있지만 기온이 낮아지면 수증기를 조금만 가져야 하기 때문입니다.

＿ 안개도 구름처럼 작은 물방울이군요.

＿ 선생님, 철 파이프 구조물의 물기도 알겠어요. 그 물기도 공기 중에서 온 것이지요? 그게 바로 이슬인가요?

맞습니다. 새벽에 기온이 낮아져서 공기 중의 수증기가 응결하여 생긴 물방울이 이슬입니다. 해가 떠오르게 되면 기온이 다시 올라가게 되고 이슬과 안개는 공기 중으로 다시 돌아가게 되지요.

＿ 와, 물은 수증기나 얼음의 상태로 모양을 바꾸면서 우리 주변을 감싸고 있군요. 강이나 호수, 바다에만 있는 것이 아

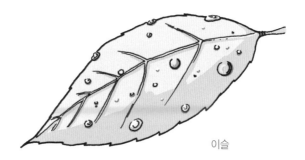

이슬

니네요.

　—물이 공기 중에 보이지 않는 수증기 형태로 우리와 함께 생활한다는 것이 친근해요.

　물은 바다에도 있고 강에도 있고 하늘의 구름에도 있고 공기 중에도 있습니다. 우리를 감싸고 있는 것이지요. 때로는 물로, 때로는 수증기로, 또는 얼음의 형태로 변화하여 있기도 하지만 물의 본질은 변화한 것이 아닙니다.

　다음 시간에는 높은 산에서부터 바다까지 흘러가는 물의 여행을 관찰해 보도록 하겠습니다.

사우나에 오니까 정말 좋아요

그런데 선생님, 물이 지표면과 구름 사이를 계속 순환한다면 구름보다 높은 곳에는 물이 없나요?

지금 위쪽 공기가 뜨겁나요, 아래쪽 공기가 뜨겁나요?

사우나는 위쪽 공기가 더 뜨거운 것 같은데요?

맞아요. 여기선 찬 공기는 하강하고 더운 공기는 상승하지요. 이런 공기의 흐름은 정상적이라 안정층이라고 해요.

찬 공기 더운 공기

안정층

하지만 산 위는 올라갈수록 기온이 낮아지지요. 위층의 기온이 더 낮고 아래층의 기온이 더 높은 것을 불안정층이라고 해요.

불안정층이라면 안정되지 않은 거네요?

낮은 온도

높은 온도

네. 그래서 더운 공기와 찬 공기가 정상적인 위치로 가기 위해 위아래로 순환하는데, 이를 대류 현상이라고 해요.

그렇군요.

대류 현상

저온

공기상승 공기하강

고온

열권

중간권

성층권

대류권

지구의 대기권은 대류권, 성층권, 중간권, 열권으로 구분되는데 우리가 생활하는 대류권에서는 위로 올라갈수록 기온이 낮아져서 대류 현상이 일어나지요.

아, 그러면 기상 현상은 대류권에서만 이뤄지는 것이군요.

그래요. 대류권보다 더 높은 성층권 이상에서는 구름이 없어요. 구름이 없으니 눈이나 비가 내리지 않지요.

이제 알겠어요.

아~, 답답해! 이제 빨리 나가요.

지표를 **변화**시키는 **물**

산 위에서부터 물은 낮은 곳으로 흘러갑니다.
물은 바다로 가면서 지표에 어떤 영향을 미칠까요?

3

세 번째 수업

지표를 변화시키는 물

가볍게 등산복 차림을 한
게이뤼삭이
세 번째 수업을 시작했다.

이곳 캠프장에 도착한 이후로 줄곧 흐린 날씨가 계속되었다. 학생들은 좀 실망스러웠다.

오늘 수업은 캠프장 뒤쪽에 있는 작은 마을 뒷산에서 할 예정입니다. 혹시 비가 올지 모르니까 우비를 준비하여 나오세요.

학생들은 곧 즐거운 마음이 되었다. 빨리 뒷산에 있는 작은 마을로 가고 싶은 마음에 학생들은 벌써 출발 준비를 하고 모였다.

자, 서로 길을 잃지 않도록 조심하면서 출발합시다.

게이뤼삭은 학생들 뒤편에 서서 따라가며 학생들에게 노래를 시켰다.

바윗돌 깨뜨려 돌덩이, 돌덩이 깨뜨려 돌멩이, 돌멩이 깨뜨려 자갈돌, 자갈돌 깨뜨려 모래알, 랄라랄라라 라라라. 도랑물 모여서 개울물, 개울물 모여서 시냇물, 시냇물 모여서 큰 강물, 큰 강물 모여서 바닷물, 랄라랄라라 라라라.

__산 위로 올라갈수록 시냇물이 얕아져요.

__시냇물의 양도 적어지고요.

물은 아래로 흐르면서 더 큰 물이 되지요. 우리는 산 위로 올라갈수록 작은 시냇물을 만나게 될 거예요.

__위로 올라갈수록 돌멩이들이 점점 뾰족해지네요.

__산 위의 돌이 더 모났어요.

학생들이 갑자기 깜짝 놀라며 이야기를 했다.

자, 이제 다 왔군요. 우리 저쪽에 앉아서 좀 쉬면서 이야기해 보지요. 돌멩이들을 주우며 올라오던데, 산 위로 올라올

모난 돌   매끈한 조약돌

수록 돌들이 점점 뾰족해졌다고요?

　__ 예, 그리고 위로 올라올수록 돌멩이들이 커졌어요.

　왜 그럴까도 생각해 봤나요?

　__ 음……, 산 위의 돌은 사람들에게 잘 밟히지 않아서 뾰족한 것이 아닐까요?

　그럴 수도 있겠군요. 하지만 사람들에게 밟히는 이유 하나만으로 돌멩이들이 작아지고 동글동글해질까요?

풍화 작용

　우리가 산 위를 올라오면서 불렀던 노래 가사를 생각해 봅시다. 그 노래는 큰 바위가 작은 모래알이 되는 과정을 이야기하고 있습니다. 정말 시냇가의 작은 조약돌들은 노래 가사 대로 거대한 바위들이 쪼개지고 부서져서 된 것일까요?

　바위는 여러 가지 작용으로 부서질 수 있습니다. 예를 들어 봅시다. 바위틈에 고인 물은 겨울철이 되면 얼겠지요. 여러 분은 플라스틱 물통에 물을 얼려 본 경험이 있나요? 물통에 물을 얼려 보면 물통이 옆으로 뚱뚱해지는 것을 볼 수 있습니다. 물은 얼면서 부피가 커지기 때문입니다. 바위틈에 고인 물도 이와 마찬가지로, 얼게 되면 부피가 증가하여 바위를 조금씩 부서뜨리게 됩니다.

　또 올라오면서 본 것처럼, 바위틈 사이에서 자라나는 식물 의 뿌리도 바위에 작은 균열이 생기게 해 줍니다. 너무 거대 하고 단단해서 언제나 그 자리에 그대로 있을 것 같은 바위는 물이나 식물의 뿌리에 의해 부서지고 있는 것이지요.

하지만 이러한 작용이 다가 아닙니다. 지역에 따라 지하수에는 이산화탄소가 많이 녹아 있을 수 있습니다. 이산화탄소가 녹아 있는 지하수는 바위를 조금씩 녹일 수 있습니다. 또, 비가 와서 한곳에 똑똑 떨어지는 빗물이 바위를 패게 할 수도 있습니다. 그리고 모래알이나 흙먼지를 일으키는 바람도 바위를 가만두지 않습니다. 자꾸자꾸 바위를 작은 돌멩이가 되도록 부서뜨리려고 합니다. 물론 오랜 세월이 흐르면서 조금씩 일어나는 작용이지요.

바위가 모래알이 되어 가는 과정을 풍화라고 합니다. 풍화 작용의 가장 큰 원인은 무엇일까요?

＿물이요. 물이나 공기 때문이에요.

＿풍화라는 말만 들으면 꼭 바람 때문인 것만 같아요. 바람 풍(風)자를 써서요, 하하.

풍화는 바람 때문만이 아니라는 것을 꼭 기억하세요. 풍화의 원인은 물과 공기입니다.

＿그런데 산 아래의 돌이 더 매끈한 이유는 무엇인가요?

아직도 내 설명이 충분하지 않았나 보군요. 바위들이 작은 돌멩이가 되어 가는 과정에서 산 아래의 돌들이 더 동글동글 매끈하고, 산 위의 돌들은 좀 더 뾰족뾰족한 이유가 무엇인지를 다 같이 생각해 봅시다.

운반 작용

산 위로 올라오면서 보니 길이 아주 많이 패어 있더군요.
왜 그럴까요?

＿ 지난주에 시냇물이 넘쳐흐를 정도로 큰비가 내린 것 같아
요.

＿ 장마였잖아요. 시냇가를 따라 물이 흐른 것뿐만 아니라
산길로도 많은 양의 물이 흐른 것 같아요.

＿ 물이 흐른 흔적이 아직도 남아 있어요.

비가 내리면 물은 산 위에서부터 아래로 흐르게 됩니다. 구
름에서부터 지표면으로 떨어진 물의 바다를 향한 여행이 시
작되는 것이지요. 물은 조용히 흐를 때도 있고, 무섭도록 빠
르게 흐를 때도 있습니다.

여기까지 올라오면서 물이 흐르는 것을 보았지요? 물은 바
다를 향해 혼자만 가던가요?

＿ 대체로 돌들을 움직이게 하지는 않지만 물이 흐르면서
물살이 세어지는 곳이나, 물길이 위에서 아래로 뚝 떨어지는
곳에서는 돌멩이들도 데려가고 싶어 하는 것 같았어요.

＿ 돌멩이들이 물살을 타고 따라가려 하는 것 같았어요.

물은 돌멩이들을 움직이는군요.

__사람들이 옮겨 주지 않아도 돌들은 그 자리에만 있는 것이 아니었어요.

　　__아하, 물은 운반 작용도 하는 거로군요.

　　시냇물이나 빗물 모두 돌이나 모래알, 흙을 운반해 주지요.

　　__아, 물을 따라 운반되면서 다른 돌이나 암석, 흙에게 긁히게 되어 돌이 매끈해지는 거예요.

　　맞습니다. 물의 운반 작용으로 인해 아래로 내려가던 돌들은 이리저리 부딪치면서 더 작아지고 매끈해지게 됩니다. 처음에는 모가 난 돌이었지만, 모가 난 부분이 먼저 부딪치고 부서지면서 매끈한 돌이 되는 것이지요.

　　__그래서 아래로 많이 내려온 돌멩이일수록 크기가 작은

돌들이 많이 발견되는 것이군요.

　＿물은 돌이나 흙을 조금씩 움직여서 어디로 데려다 놓으려고 하는 것이지요?

　산 위에서 출발한 물의 목적지가 바다니까, 바다에 데려다 놓겠지요.

　＿우아, 바닷가에 조약돌이나 모래사장이 있는 이유가 그 때문인가요?

　＿산 위에서 바다로 갈수록 돌멩이들이 이리저리 물과 함께 부딪히고 부서지면서 입자가 작아지니까 바다에는 모래와 같은 흙이 많은 거군요.

　게이뤼삭은 빙긋 웃었다.

　물은 운반 작용을 하면서 지표의 모양을 바꿀 수도 있지요.

침식과 퇴적 작용

　산 위에서 수업을 듣는 동안 구름은 조금씩 하얗게 높아지고 있었다. 저기 구름 속에 있는 물이 이 암석을 부술 수 있다는 것이 새삼

놀라웠다. 그런데 암석만 부수어서 작은 입자로 만드는 것이 아니고 지표의 모양도 바꿀 수 있다니 더욱 궁금해졌다.

__ 어떻게 지표의 모양도 바꿀 수 있나요?

지표의 모양이 변화하는 것을 배우기 위해서는 먼저 침식 작용과 퇴적 작용에 대해 공부해야 하지요.

바다를 향해 시작되는 물의 여행은 더 낮은 곳으로 흘러가면서 이동합니다. 때로는 물살이 세어질 때도 있고 때로는 고여 있는 듯한 지역을 지나가기도 합니다. 물론 지하로 이동해 갈 때도 있지요. 물은 흘러가면서 돌이나 흙과 같은 입자들을 움직여서 이동시킨다고 했습니다.

물은 흐르면서 빠를 때와 느릴 때가 있는데, 빠를 때는 언제일까요?

__ 폭포 같은 곳을 지날 때요.

__ 기울기가 급한 곳을 지날 때 물의 속력은 빨라지지요.

물이 흐르는 지역을 상류와 중류, 하류로 나눈다면 기울기가 급해서 물의 흐름이 빠른 곳은 어디일까요?

__ 상류 지역이요.

상류 지역은 산이 위치한 곳이니까 물이 아래로 빨리 떨어지면서 흐르게 된답니다.

물이 흐르는 속력이 빨라지면 주변의 작은 돌이나 흙과 부딪치는 힘이 커지게 됩니다. 그러므로 물이 흐르면서 주변을 깎는 작용을 하게 되는데, 이를 침식 작용이라고 합니다. 침식 작용으로 인해 지표의 토지는 더 많이 패어 물이 운반할 작은 입자들이 많아지게 됩니다. 침식 작용은 흐르는 물이나 빗물, 바닷물, 빙하에 의한 것일 수도 있고 바람에 의한 것일 수도 있습니다.

　＿침식 작용은 상류 지역에서 더 활발한 것이지요?

　상류 지역에서만 침식 작용이 일어나는 것은 아닙니다. 좀 더 활발히 일어날 수 있다는 것이지요.

　＿침식 작용에 의해 깎인 토지의 입자들은 물이 운반하게 될 텐데, 어디로 가져가나요?

　＿토지의 입자들인 돌이나 흙이 무거워지면 내려놓나요?

　하하. 좋은 질문인데, 언제 무거워질까요?

　＿음, 물의 흐름이 느려지면 에너지가 작아지니까 운반하기에 힘들겠어요.

　그렇지요. 물은 상류를 지나 중류와 하류로 가면서 평지를 지나가게 됩니다. 평지에서는 하천의 기울기가 급하지 않으므로 물이 흐르는 속력은 느려지게 됩니다. 하류 쪽으로 가면서 운반하던 알갱이들을 어느 한곳에 내려놓게 되는데, 이를 퇴적이라고 합니다.

한곳에 모이게 된 알갱이들은 서로서로 엉겨 붙고 다져지면서 새로운 지형을 만들 수 있습니다.

과학자의 비밀노트

지표(earth surface)와 지형(topography)
지구를 이루는 육지의 표면을 '지표'라고 한다. 지표가 지각 운동 · 화산 활동 등의 지구 내적인 힘에 의하여 만들어진 특징적인 형태를 '지형'이라 할 수 있다. 이러한 지표와 지형은 흐르는 물이나 빙하, 바람, 파도 등의 외적인 힘에 의하여 끊임없이 침식 · 퇴적 작용을 받으며 변형되고 있다.

지표의 변화

침식 작용에 의한 지표의 변화는 주로 상류 지역에서 발견될 수 있는데, 폭포와 V자 계곡이 있습니다. 이들은 물이 아래쪽으로 급하게 흐르면서 깊게 팬 것입니다.

퇴적 작용에 의한 지표의 변화는 하류 지역에서 주로 많이 발견되는데, 삼각주가 그 한 예입니다. 삼각주는 지류에 있던 물이 해양으로 유입되면서 흙과 모래가 삼각형 모양으로

V자 계곡

퇴적되는 지형을 말합니다.

　말로만 들으니 잘 이해되지 않죠? 중류 지역에서 침식과
퇴적이 함께 일어나는 예가 있는데 알아볼까요?

　게이뤼삭은 나뭇가지를 주워 흙 위에 그림을 그렸다. 하천의 모습
을 굽이굽이 그린 것이다. 좌우로 굽어지면서 물이 흐르고 있었다.
게이뤼삭은 흐르는 하천의 중간 부분에 가로로 길게 선을 그었다.

　이 부분의 물의 흐름을 비교하여 생각해 봅시다. 이 선의
왼쪽과 오른쪽에서 물이 흐르는 속력을 생각해 볼까요?
　__ 왼쪽의 속력이 더 느리고, 오른쪽이 더 빨라져요.

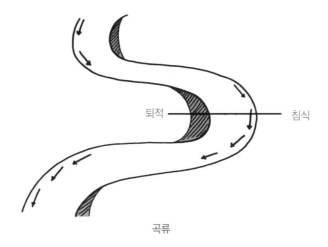

퇴적 ——— 침식

곡류

___아니야, 그 반대야.

학생들은 잠시 우왕좌왕했다. 게이뤼삭은 껄껄 웃었다.

운동장의 트랙을 달리는 상황을 생각해 보세요. 타원형의 트랙에 4명의 학생들이 가로로 줄을 맞춰 걷기로 했습니다. 타원형 트랙의 가장 안쪽과 가장 바깥쪽에서 걷는 학생의 속력을 비교하여 봅시다. 트랙의 바깥쪽에 있는 학생은 훨씬 더 걸음을 많이 걸어야 합니다. 그러므로 속력이 빨라져야겠지요.
___그럼 곡류의 안쪽은 물의 흐름이 느려지고 바깥쪽이 빨라지는 거군요.

＿흙 위에 그리신 이 그림에서 왼쪽이 안쪽으로 느린 것이고, 오른쪽이 바깥쪽으로 빨리 흐르는 곳이네요.

＿그럼 왼쪽은 물의 흐름이 느리니까 퇴적이 일어나고, 오른쪽은 물의 흐름이 빠르니까 침식이 일어나는 것이지요?

학생들은 척척 자신들의 생각을 표현했다.

＿흐르는 물만 지표를 변화시키나요?

지하수도 동굴을 만들 수 있지요. 석회암 지대에 이산화탄소가 녹은 지하수가 흐르게 되면 석회암이 용해되어 석회암 동굴이 생깁니다.

지하수뿐만 아니라 빙하나 해수, 바람도 침식과 퇴적 작용을 통해 지표를 변화시킵니다. 바람을 제외한 모든 흐르는 물이나 빙하, 해수, 지하수는 물과 친구들인 셈입니다. 그중에서 지표의 변화에 가장 큰 영향을 미치는 것은 흐르는 물입니다.

영빈이는 다시 한 번 하늘을 올려다보았다. 구름이 제법 높아졌다.

__ 저 구름에 있는 물이 비가 되어 지표를 변화시킨다니 신기하네요.
__ 구름은 요술쟁이인가 봐요.

한 학생의 말에 모두들 한바탕 웃었다.

4

물을 마시는 생물

우리는 물을 마십니다. 식물도 물을 마십니다.
물은 우리 몸의 60% 이상을 차지하고 있습니다.
생물의 몸을 구성하는 물은 어떤 역할을 하게 될까요?

4

네 번째 수업

물을 마시는 생물

게이뤼삭이 화창한 날씨에 기분 좋게
네 번째 수업을 시작했다.

어제 오후부터 조금씩 개던 하늘은 오늘 높고 파란 모습을 드러냈다. 게이뤼삭은 학생들을 데리고 뒷마을의 밭으로 향했다. 그곳에는 수박, 참외, 오이, 토마토 등이 자라고 있었다.

물을 마시는 식물

이곳 주인 아저씨께서 수박밭의 한 이랑의 수박은 따도 된다고 말씀하셨답니다. 수박이 벌써 끝물이라 한창일 때보다

는 맛이 덜하지만 아직은 먹을 만하답니다.

학생들이 수박 몇 개를 따 왔다. 게이뤼삭이 학생들이 따 온 수박에
칼을 대자마자 쩍 갈라지는 소리가 들렸다. 학생들은 차례대로 수
박을 받아 들었다.

__ 수박은 수분이 참 많아요.
__ 선생님, 수박도 물을 마시나요?
__ 수박이 어떻게 물을 마시냐? 우리처럼 입도 없는데.
__ 그럼 이 수박 물은 어디에서 온 거야?

__ 뿌리로 마시면 되지. 수박도 다른 식물처럼 구름이 주는 물을 마시는 거야.

수박도 물을 마십니다. 수박뿐만이 아니라 모든 식물이 물을 마십니다. 물론 사람처럼 입이 있는 것은 아니지만 식물은 뿌리를 통해 물을 흡수합니다.

__ 식물에 물을 주려면 흙에다 주어야 하는 거네요. 잎에다 물을 뿌려 주는 것보다 흙에다 물을 주어야 뿌리가 잘 흡수하니까요.

__ 식물은 물을 흡수해서 어디에 사용하나요?

뿌리에서 흡수한 물은 식물의 몸을 구성하는 데 쓰지요.

이 수박은 특히나 수분이 많지요? 이게 모두 뿌리로 흡수한 물이에요.

　＿그럼 수박은 물을 아주 많이 먹어야겠네요?

　물이 충분하지 않으면 식물은 금세 시들시들해 버립니다. 또한 몸을 제대로 지탱하지 못하고 늘어지게 돼 결국은 죽게 된답니다.

　＿물은 식물로 하여금 식물의 몸을 구성하게 하는 것 이외에 다른 역할은 하지 않나요?

　식물에 있어 물은 다른 중요한 일도 하는데, 그것은 바로 양분을 만드는 작용이지요.

광합성

　아침 식사 시간에 여러분들은 반찬을 골고루 먹었나요? 사람은 외부에서 음식을 섭취하지 않으면 몸에 필요한 구성 성분이나 에너지를 얻을 수 없습니다. 그러므로 식사는 사람이 생활하는 데 아주 중요합니다. 하지만 사람이 양분 섭취를 통해 얻어야 하는 것과는 다르게 식물은 양분을 스스로 만들 수 있습니다. 바로 광합성이라는 것이지요. 감자, 고구마, 양

광합성

파, 콩 등과 같이 사람이 식물로부터 얻을 수 있는 양분은 광합성을 통해 만들어 낸 것입니다.

녹색 식물이 광합성을 하기 위해서는 필요한 조건이 있습니다. 적절한 온도와 빛은 물론 물과 이산화탄소가 충분해야 양분을 만들 수 있습니다.

__ 물이 광합성에 필요한 원료네요.

__ 물은 식물의 생활에도 중요하지만, 야채나 과일을 섭취해야 하는 사람의 생활에도 중요한 것 같아요.

__ 식물이 물을 너무 많이 흡수하게 될 때도 있나요?

여름에는 비가 많이 내립니다. 흙이 물에 흠뻑 젖어 있을 때가 많지요. 식물은 젖은 흙에서 뿌리를 통해 물을 흡수하게 됩니다. 뿌리를 통해 흡수된 물은 식물체의 물이 흐르는 관을 통해서 위로 올라가게 됩니다. 식물이 물을 너무 많이 마셨을 경우에는 잎의 뒷면에 있는 기공을 통해서 물을 밖으로 내보낼 수 있습니다.

물이 식물의 몸을 구성하고 양분을 만들어 주는 원료이기도 하지만, 사람에게도 물은 중요하겠지요? 인체의 약 66% 정도가 물로 이루어져 있답니다.

인체를 구성하는 물

물은 에너지를 내는 영양소는 아니지만 우리 사람의 몸을 구성하고 있습니다. 우리 몸은 여러 가지 기능을 하는 세포들로 이루어져 있는데, 그 세포의 주성분이 물이기 때문입니다. 혈액, 호르몬, 효소, 체액뿐만 아니라 근육, 장기 등도 주요 성분이 물이라는 것이지요.

__물이 혈액의 주성분이라면 양분과 노폐물을 운반하는 일도 하겠네요?

그렇지요. 물은 우리 몸의 모든 세포들에 양분을 전달해 주고, 노폐물을 수거하여 몸 밖으로 배설하도록 합니다.

__그럼 물을 많이 마셔야 건강한가요?

몸속에 수분이 부족하면 피곤해집니다. 물 보충이 되지 않으면 위험한 상태가 되기도 하지요. 하지만 물을 많이 마셔야만 건강하다는 것은 아닙니다. 몸에 필요한 만큼만 섭취하면 되는 것이지요.

__땀을 많이 흘리면 물이 몸 밖으로 나가는 것이니까 안 좋은 건가요?

땀을 흘리는 것도 배설입니다. 몸이 너무 뜨거워져서 체온이 높아지게 되면 생명이 위험하게 되지요. 이때 땀을 내면서 우리 몸의 열을 식혀 줍니다. 물이 냉각수와 같이 열을 식혀 주면서 우리 몸은 정상 체온을 스스로 유지하게 됩니다.

__체온 유지도 물이 하는 것이군요.

__하루에 필요한 물은 어느 정도예요?

사람들의 체중에 따라 다르지만 약 1.5~2.5L 정도랍니다.

__그렇게 물을 많이 먹어야 하나요?

__저는 자전거 탄 후에만 물을 많이 마시는데, 물을 많이

마신다고 해도 한 컵 정도예요.

　__ 맞아. 식사 후 한 모금 정도만 마시는데, 2.5L라고 하면 2L 짜리 생수 한 통보다 많은 거잖아요.

　__ 1,000mL짜리 우유 팩 2개보다 많은 양이에요.

　꼭 물로 섭취해야 되는 것은 아닙니다. 채소나 과일의 주성분이 수분이라는 것을 앞에서 이야기했지요? 어떤 과일은 수분이 90% 이상 되는 것도 있습니다. 이러한 과일을 섭취할 경우 물을 섭취하는 것과 같은 것이지요. 과일 속에 수분이 있으니까요. 나물 반찬에도 수분이 있고, 고기나 생선에도 수분이 있습니다. 국이나 찌개를 먹을 때도 물을 포함해서 섭취하는 것이지요.

　__ 아아, 주스나 우유를 마실 때도 수분이 포함되어 마시는 거군요?

　__ 어떤 음식이든지 골고루 잘 먹어야겠어요. 여러 가지 영양소도 중요하고 수분 공급도 중요하니까요.

게이뤼삭이 씽긋 웃으며 고개를 끄덕인 후 덧붙였다.

벌써 물에 대해 많은 것을 알게 되었지요? 물은 하늘, 대기, 지표, 지하에 존재하며 세상을 감싸고 있을 뿐만 아니라,

기상 현상을 일으키기도 하고, 지형을 바꾸기도 해요. 또 세포의 주성분이어서 생물체의 몸을 이루기도 하고, 체온 유지와 같은 생명 유지에 필요한 기능을 하지요. 그러니 물에 대해 고마운 마음을 가지도록 해요.

이것 좀 봐! 토마토가 벌써 이렇게 많이 자랐어.

식물은 만날 물만 먹는데 어떻게 영양분을 보충하는 걸까?

사람은 음식 섭취를 통해 양분을 얻지만, 식물은 광합성을 통해 양분을 스스로 만들지요.

광합성이요?

이제 광합성을 시작해 볼까?

토마토, 감자 등 사람이 식물로부터 얻을 수 있는 양분은 광합성을 통해 만들어 낸 거예요.

식물은 만날 물만 먹는데 어떻게 양분을 만드는 거예요?

내가 만들었지~.

적절한 온도와 빛은 물론이고 물과 이산화탄소가 충분해야 양분을 만들 수 있지요.

포도당

물

이산화탄소

산소

물은 사람의 생활에도 중요한데 식물의 생활에도 역시 중요하군요.

그런데 비가 많이 내려서 식물이 물을 너무 많이 흡수하게 될 때도 있나요?

그러면 배탈이 나지 않을까요?

식물은 젖은 흙에서 뿌리를 통해 물을 흡수하고 식물체의 물이 흐르는 관을 통해서 위로 올라가게 되지요.

오늘은 빗물을 너무 과식했는데……

식물이 물을 너무 많이 마셨을 경우에는 잎의 뒷면에 있는 기공을 통해서 물을 밖으로 내보낼 수 있답니다.

다행이에요.

아무래도 기공으로 물을 빼내야겠군.

얼음, 물, 수증기로의
변신

물은 상태 변화를 통해 얼음이 될 수도 있고 수증기가 될 수도 있습니다.
물이 얼음이나 수증기로 변신하기 위해서는 어떤 조건이 필요할까요?

5

다섯 번째 수업

얼음, 물, 수증기로의
변신

게이뤼삭이
셔벗을 만들 재료를 가지고 와서
다섯 번째 수업을 시작했다.

셔벗을 만들어 보자

학생들은 캠프에서 진행되는 수업에 점점 흥미를 갖기 시작했다.
게이뤼삭은 학생들과 함께 아침 식사를 한 후에 바로 수업을 하자
고 했다.

오늘은 식사를 마치고 함께 테이블을 정리하도록 하죠. 이
곳에서 수업을 하려고요.

식당에서 수업을 하다니, 학생들은 의아했다.

자, 모두들 테이블이 정리됐나요? 그럼, 창을 열고 환기가 되는 동안에 함께 후식을 만들어 볼까요? 흠흠.

게이뤼삭은 여러 가지 과일을 갈아 놓은 즙과 설탕, 우유, 물을 가져 왔다.

모두 각자가 좋아하는 과일즙으로 얼음과자인 셔벗을 만들어 봅시다.

학생들은 기분이 좋았다. 손잡이가 달린 아이스크림 틀에다가 각자가 만든 과일즙을 넣어 셔벗을 만들었다.

우리가 수업하는 동안 이 셔벗을 냉동시키면 수업이 끝날 즈음엔 먹을 수 있을 거예요. 셔벗은 지금 잘 흐를 수 있는 상태입니다. 이것을 냉동고에 넣으면 단단한 얼음 상태가 될 거예요.

게이뤼삭은 학생들이 만든 셔벗을 냉동고에 넣고 오면서 식소다,

설탕과 함께 가열 장치를 가져왔다. 국자에 식소다 가루와 설탕을 소량 넣은 후 나무젓가락으로 저으면서 가열 장치 위에 올려놓았다.

 __ 이거 본 적 있어요. 달고나 과자라는 것이지요?

 __ 학교 앞에서 보았어요.

 __ 이렇게 만드는 거였구나.

 식소다와 설탕은 흰 가루인데, 가열하면 물과 같이 흐를 수 있는 상태로 변해요. 그러다 갈색이 짙어지면 이렇게 가열 장치의 불을 끄고 국자 안에 있던 내용물을 접시 위에 쏟아 놓습니다. 그러면 이렇게 딱딱한 과자처럼 변하지요.

물질의 상태

 열을 가하였더니 어떤 변화를 관찰할 수 있었나요?

 __ 흐를 수 있는 상태가 되었는데, 가열을 멈추고 식히니까 다시 딱딱하게 굳어졌어요.

 흐를 수 있는 상태와 딱딱하게 굳어진 상태의 다른 점이 무엇일까요?

 __ 모양이요. 흐를 수 있는 상태는 모양이 일정하지 않아

요. 하지만 굳어진 상태는 모양이 일정하지요.

흐를 수 있는 상태를 액체라 하고, 딱딱하게 굳어진 상태를 고체라고 합니다. 그럼, 고체와 액체 이외에 또 다른 상태는 무엇이 있지요?

__기체요.

이제 고체와 액체, 기체의 차이점에 대해 좀 더 자세히 이야기해 봅시다.

고체는 모양과 부피가 일정합니다. 액체는 모양이 일정하지 않아서 담는 그릇에 따라 다른 모양을 하지만, 부피는 크게 변하지 않습니다. 액체의 부피는 거의 일정하지요. 하지만 기체는 담는 그릇에 따라 모양과 부피가 달라집니다.

어떤 물체를 이루는 입자를 분자라고 합니다.

아이스크림을 살 때 집까지의 거리가 멀다고 하면 드라이

과학자의 비밀노트

분자(molecule)
물질의 성질을 지닌 가장 작은 알갱이를 뜻한다. 분자의 크기는 보통의 현미경으로도 관찰할 수 없을 만큼 매우 작은데, 더 작은 입자인 원자로 쪼갤 수 있다. 즉, 분자는 한 개 이상의 원자로 구성되어 있으므로 분자를 쪼개면 원자가 되지만, 이때 물질의 성질은 잃게 된다.

아이스라는 것을 넣어 포장하여 줍니다. 드라이아이스는 이산화탄소가 고체 상태로 얼려진 것입니다. 그러니 드라이아이스를 이루고 있는 분자는 이산화탄소입니다.

얼음을 이루고 있는 분자는 무엇이지요?

── 물 분자요.

고체, 액체, 기체 각 상태에서의 분자 배열에 대해 생각해 봅시다.

고체는 일정한 모양을 이루고 있어야 하기 때문에 분자의 배열이 규칙적입니다. 하지만 액체는 좀 더 자유로운 배열입니다. 고체보다 배열 상태가 좀 느슨한 편이지요.

운동장에 친구들이 양옆으로 팔짱을 끼고 일정한 간격으로 가깝게 붙어 있는 형태가 고체입니다. 친구의 손을 좀 느슨

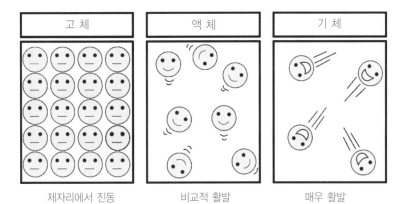

고 체	액 체	기 체
제자리에서 진동	비교적 활발	매우 활발

하게 잡고 이리저리 다닐 수 있는 것은 액체이겠지요.

그럼 기체는 친구들끼리 어떤 모습을 하고 있어야 설명이 될까요?

__친구의 손을 모두 놓고 자유롭게 뛰어다녀요. 멀리까지요.

__자유롭게 뛰어다니려면 기체의 부피는 훨씬 커야 할 것 같아요.

예. 물이 수증기로 될 때, 부피는 거의 1,700배 증가한다고 해요.

__우아, 그럼 얼음에서 물로 상태가 변화할 때는 부피가 얼마만큼 늘어나나요?

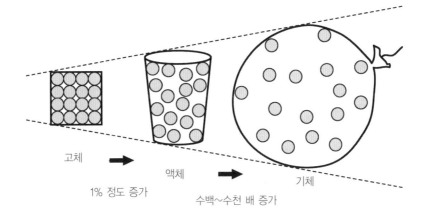

고체 ➡ 액체 ➡ 기체
1% 정도 증가   수백~수천 배 증가

물질의 상태에 따른 부피의 변화

보통 대부분의 물질들은 고체에서 액체, 액체에서 기체로 변화하면서 부피가 증가하지요. 하지만 물의 경우는 좀 다르답니다.

물은 액체에서 고체로 될 때 오히려 부피가 증가합니다. 여러분은 학교에서 체육 시간이 끝나고 시원한 물을 마시려고 물통에 물을 얼려 본 적이 있을 것입니다. 그때 물통의 모양이 좀 불룩하게 나와 있는 경우를 보았을 겁니다. 물은 다른 물질과 다르게 얼음으로 되면서 부피가 증가합니다.

__그럼 일반적인 물질들은 고체에서 액체, 액체에서 기체 상태로 변화할 경우 부피가 증가하는 것이고, 물의 경우에만

얼음이 물로 될 때 부피가 감소한다는 거네요. 그리고 물에서 수증기로 될 때에는 다른 물질들과 마찬가지로 부피가 증가하고요.

아주 잘 이해했군요. 이제 일반적인 물질들의 고체와 액체, 기체에서 분자와 분자 사이의 간격에 대해 생각해 볼까요?

물질의 상태 변화

__고체는 일정한 배열이니까 분자와 분자 사이의 거리가 가깝겠지요.

__액체나 기체 상태로 갈수록 분자 간 거리는 멀어지겠네요.

__특히 기체의 경우에는 모양과 부피 모두 일정하지 않고 분자들이 자유롭게 돌아다닐 수 있으니, 분자 간 거리는 고체와 액체에 비해 훨씬 멀어질 것 같아요.

분자 간 거리가 멀어지게 되는 이유는 무엇일까요?

학생들은 고체에서 액체로, 액체에서 기체로 되면서 분자 간 거리가 멀어지는 이유가 무엇인지 생각해 보았다.

__분자끼리의 거리가 멀어진다는 것은 분자 운동이 활발해진다는 것이지요?

__조금 전에 운동장의 학생들을 예로 들었을 때, 기체는 친구들끼리 손을 모두 놓고 뛰어다녀야 한다고 하셨잖아요. 학생들 한 명 한 명이 분자라고 생각해야 되니까, 분자 간 거리가 멀어진다는 것은 분자의 운동이 활발해져야 한다는 것과 같은 것이지요?

그렇습니다. 분자 간 거리가 멀어진다는 것은 분자 운동이 활발해진다는 것과 같습니다. 고체에서 액체, 액체에서 기체로 갈수록 분자 운동은 활발해집니다.

그럼, 분자 운동이 활발해지는 이유는 무엇일까요?

__분자가 에너지를 얻기 때문이에요. 분자가 운동할 수 있는 에너지를 얻기 때문에 활발하게 돌아다닐 수 있는 것이지요.

__아하, 물질을 가열하면 에너지를 얻게 되는 것이군요.

맞아요. 고체를 가열해야 액체가 되고, 액체를 가열해야 기체가 되니까요.

고체 상태의 물질을 가열하면, 물질은 에너지를 흡수합니다. 분자 사이의 거리가 점점 멀어지면서 분자끼리 서로 당기는 인력은 약해지고, 분자 운동은 활발해집니다.

그럼 기체를 액체나 고체로 상태 변화시키기 위해서는 어떻게 해야 할까요?

＿기체 상태의 물질을 냉각시키면 돼요.

＿기체를 냉각시키면 물질은 에너지를 방출하게 되지요. 에너지를 방출하면서 분자 운동은 느려져요.

＿또, 분자끼리의 인력이 강해지고 분자와 분자 사이의 거리가 가까워지는 것이죠.

학생들은 대답을 하면서 만족스러운 얼굴을 했다.

이제 물질이 상태 변화할 때의 용어에 대해 알아봅시다.

응고, 융해, 기화, 액화, 승화

잘 흐를 수 있는 액체에서 단단한 고체가 되는 것을 응고라고 합니다. 이와 반대로 고체가 액체로 녹는 것을 융해라고 합니다.

　＿우리가 냉동실에 물을 넣고 얼려서 단단한 얼음을 만드는 것은 응고이군요.

　＿냉동실에서 얼음을 꺼내 주스에 넣어 마시면 얼음이 녹는데, 그것은 융해네요.

　＿아이스크림을 만드는 것은 응고이고, 아이스크림이 녹는 것은 융해예요.

　흐를 수 있는 액체가 공기 중에서 자유롭게 다닐 수 있는 기체로 되는 것을 기화라고 합니다. 반대로 자유로운 기체가 액체로 되는 것을 액화라고 합니다.

　＿코코아를 타 먹기 위해 물을 끓이다 보면 주전자에서 김이 나오는 것을 볼 수 있어요. 그 김이 수증기가 되는 것이고, 그게 기화라는 것이지요?

　아, 주전자에서 나오는 김은 액체 상태예요. 기체 상태인 수증기는 우리 눈에 보이지 않습니다. 수증기가 주전자 밖으로 나오자마자 주변 공기 분자에 열을 빼앗기고 액체 상태인 물방울이 되는데, 이것이 김입니다.

　＿그럼 공기 중에 있는 수증기들이 차가운 얼음물 컵 표면을 지나게 되면 다시 물로 변화하니까, 이는 액화에 해당하

김(액체)

수증기(기체)

물(액체)

는군요.

잘 이해하고 있네요. 그런데 고체가 바로 기체로 되는 경우가 있습니다. 그런 경우를 보았나요?

__아이스크림 살 때 포장에 넣어 주는 드라이아이스도 바로 기체로 된다고 들었어요.

고체가 액체의 과정을 거치지 않고 기체로 되는 것을 승화라고 합니다. 반대로 기체가 액체 과정을 거치지 않고 고체로 될 수도 있는데, 이 또한 승화라고 합니다.

나프탈렌이라는 물질이 있습니다. 일반적으로 좀약이라고도 부르는 것이지요. 섬유 제품을 먹는 좀이라는 곤충이 있는데, 나프탈렌을 옷장 속에 넣어 두면 이를 방지할 수 있다고 합니다. 나프탈렌은 흰 고체인데 승화성 물질입니다.

옷장에 걸어 둔 나프탈렌이 액체 상태를 거쳐서 기체가 된다고 생각해 보셔요. 나프탈렌 액체가 흘러 옷을 망가뜨리는 경우가 종종 생길 수 있습니다. 하지만 다행이지요? 나프탈렌은 승화성 물질이니까요. 고체에서 바로 기체가 되어 옷 구석구석에 스며들어 방충제 역할을 합니다.

__그럼 냉동실의 성에는 기체가 고체로 되는 승화이겠네요.

잘 이해하고 있군요. 다음 그림으로 정리해 볼까요?

그림에서 점선으로 된 화살표 부분이 열을 흡수하는 가열 방향입니다. 반대로 실선으로 된 부분은 열을 방출하는 냉각 방향이지요. 가열 방향을 따라 물질은 상태 변화를 하면서

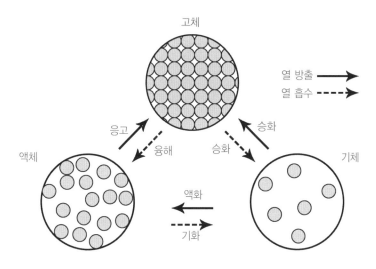

상태 변화에 따른 열에너지 출입과 분자 운동

분자 운동이 활발해지고 분자 간 거리는 멀어지며 분자 인력은 약해집니다. 실선 방향은 그와 반대겠지요?

다음 그림에서 고체 대신 얼음을, 액체 대신 물을, 기체 대신 수증기를 넣으면 물의 상태 변화 그림이 됩니다.

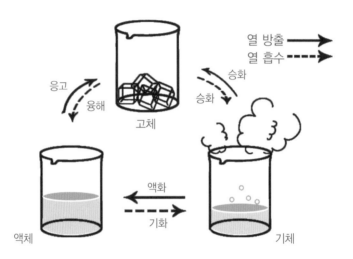

상태 변화와 에너지 출입

어떠한 상태 변화이든지 꼭 동반되는 과정이 있지요? 발견했나요?

__ 열의 출입이에요.

＿상태 변화하면서 열이 흡수되거나 방출되지요.

다음 예를 잘 들어 보세요.

더운 여름에 마당에 물을 뿌렸습니다. 마당은 곧 시원해졌습니다. 그런데 추운 지역의 에스키모들도 이글루에 물을 뿌립니다. 이글루에 뿌린 물도 시원해지라고 하는 걸까요? 아닙니다. 여름에 마당에 뿌린 물은 우리를 시원하게 해 주지만, 이글루에 뿌린 물은 에스키모들을 훈훈하게 해 줍니다.

똑같이 물을 뿌렸는데, 왜 한쪽은 시원해지고 다른 한쪽은 훈훈해질까요?

학생들은 좀 어려워했다. 잠시 후 학생들이 조심스럽게 말했다.

__ 더운 여름에 뿌린 물은 곧 증발해요. 하지만 이글루에 뿌린 물은 얼게 될 것 같아요. 기온이 영하일 테니까요.

　__ 더운 여름에 마당에 뿌린 물은 기화되는 것이니까 열을 흡수해야겠네요.

　__ 아하, 알았어요. 더운 여름에 뿌린 물은 증발해서 수증기로 기화가 되는 것이지요. 그럼 열을 흡수해야 해요. 열을 주변으로부터 빼앗아 오는 것이니까 주변은 온도가 낮아지는 것이지요.

　상태 변화에는 열의 출입이 따릅니다. 물질들이 상태 변화할 때, 주변으로부터 열을 흡수하기도 하고 때로는 방출하기도 합니다. 물질이 주변으로부터 열을 흡수하면, 주변은 열을 빼앗기는 입장이 되므로 주변의 온도는 낮아집니다. 반대로 물질이 주변에 열을 방출하면, 주변은 열을 얻게 되니까 온도가 올라가게 되는 것입니다.

　더운 여름에 마당에 뿌린 물은 열을 흡수하면서 수증기가 되니까, 주변은 열을 빼앗기는 입장이 돼요. 열을 빼앗기니 시원해지는 것이고요.

　이글루에 물을 뿌리면 물이 얼게 되지요. 물이 얼면서 열을 방출하니까, 이글루 안은 방출된 열 때문에 훈훈하게 되는 것이지요.

__물은 상태 변화를 하면서 우리를 시원하게도 해 주고 따뜻하게도 해 주는군요.

　　스스로 답을 찾아가면서 학생들 목소리에 자신감이 생겨 갔다. 게이뤼삭도 흡족한 표정을 지었다.

　　모두들 잘 이해한 것 같네요. 그럼 상태 변화에 대해 몇 가지 질문을 해 볼까요?

　　주사를 맞기 위해 팔에 알코올을 문지르면 시원해져요. 왜 그렇죠?

　　__알코올이 기화되면서 주변의 열을 빼앗아 가기 때문이에요.

　　겨울철에 서리가 내리는 것은 상태 변화 중에 무슨 현상이지요?

　　__승화예요. 공기 중의 수증기가 언 것이니까요.

　　잘 공부했군요. 이제 얼음과자인 셔벗이 잘 얼었는지 가져와 볼까요? 셔벗을 먹으면서 물의 상태 변화에 대해 좀 더 자유롭게 이야기해 보지요.

　　학생들은 셔벗을 먹으면서, 물이 상태 변화를 통해 우리에게 시원함을 주기도 하고 따뜻함을 주기도 한다는 생각이 들었다.

증발과 끓음

수업을 하다 보니 점심 시간이 다 되었군요. 오늘 점심은 비빔국수를 만들어 먹을까요?

그럼 우선 물을 끓여야 하겠지요? 물을 끓이는 냄비는 테이블마다 크기가 다릅니다. 냄비가 작으면 2명이 1조가 되고, 냄비가 크면 5명이 1조가 되세요.

그리고 여기 있는 깨끗하게 소독된 알코올 온도계를 조마다 하나씩 가져가세요. 이 온도계는 측정 범위가 −20℃~110℃입니다. 물이 끓기까지 기다리기 지루하니 끓는 온도를 관찰해 보세요.

물이 끓기를 기다리는 동안 게이뤼삭은 이야기를 꺼냈다.

언젠가 증발에 대해서 공부할 때, 증발과 끓음을 이야기한 적이 있지요?

__예. 증발은 물의 표면에서 기화가 일어나는 것이고, 끓

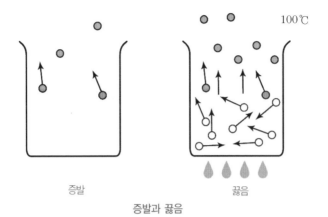

음은 물의 내부에서 기화가 일어나는 것이라고 배웠어요.

___국수를 삶으려면 물이 끓어야 하니까, 오늘은 끓음에 대해 공부하는 것이지요?

학생들의 자유로운 이야기를 게이뤼삭은 주의 깊게 들어 주었다. 그러는 동안 냄비에서는 달그락달그락 소리가 나기 시작했다.

물의 끓음

게이뤼삭은 잠시 물이 끓도록 놔두라고 말했다.

학생들은 냄비가 달그락거리는 소리를 들으면서 온도계를 유심히

보았다.

　　— 선생님, 물이 너무 뜨거워서 온도계가 고장 났나 봐요.
　　— 맞아요. 지금까지 온도가 쭉 잘 올라갔는데, 물이 끓으니까 온도가 올라가지 않아요.

　　학생들의 말에 게이뤼삭은 아무런 말도 없이 그냥 웃을 뿐이었다.

　　냄비 뚜껑을 열어 보세요. 물은 아래쪽에서부터 물방울이 터지며 보글보글 끓고 있지요? 물이 끓을 때는 안전에 주의하세요. 끓는 물 위로 손을 내밀지 않도록 조심하고, 냄비를 직접 만지지 않도록 하세요.

　　학생들은 온도계를 슬쩍 빼고 국수를 넣었다. 빳빳했던 국수가 끓는 물에 들어가자마자 축 처지며 익기 시작했다.

　　— 어? 온도계가 멈췄어.

　　옆 조의 학생들도 말했다.

__ 물이 끓으면 온도가 상승하지 않는 건가 봐. 다른 조도
더 이상 온도가 올라가지 않는 것 같아.

__ 아까 물이 끓을 때 몇 ℃ 정도였지?

__ 98℃ 정도였어.

각 조마다 큰 그릇에 삶아진 국수를 넣고 고추장, 식초, 설탕, 김치
를 넣고 비볐다. 학생들은 처음 만든 자신들의 음식이 신기하여 서
로 맛있다고 했다.

물이 끓기 시작한 온도가 몇 ℃ 정도이던가요?

__ 98℃요.

__ 99℃요.

학생들이 하는 대답은 조금씩 달랐다. 게이뤼삭은 웃으며 설명을
시작했다.

물의 끓는점, 녹는점, 어는점

물은 100℃에서 끓습니다. 그런데 100℃에서 끓는 물이라

는 것은 순수한 물을 말하는 것입니다. 순수한 물이라는 것은 다른 불순물이 포함되지 않은 증류수를 말합니다. 우리가 실험 시간에 '물'이라고 하는 것은 순수한 물인 증류수를 말하는 것이지요.

그런데, 우리가 국수를 삶기 위해 사용한 물은 증류수가 아니었습니다. 식당에서 사용하는 보통 물이지요. 수돗물이나 샘물, 빗물에는 다른 물질들이 녹아 있어서 순수한 물만으로 이루어졌다고 할 수 없습니다. 만약 증류수로 끓는 온도를 조사하는 실험을 하였다면, 끓기 시작하는 온도는 100℃였을 것입니다.

물질이 끓는 온도를 끓는점이라고 합니다. 물의 끓는점은 100℃입니다.

물을 가열하기 시작하니까 온도는 어떻게 변하던가요?

__처음 가열할 때에는 온도가 쭉 올라갔어요. 열을 가해 주니까 당연히 온도가 상승해야 하지요. 하지만 물이 끓으니까 온도 변화가 거의 없었습니다. 열을 가해 주었는데도 더 이상 온도 상승이 없었던 것이지요.

물이 끓기 시작하면 온도가 왜 상승하지 않을까요?

학생들이 대답을 못하고 우물쭈물하자 게이뤼삭은 끓는점에서 변화하는 것에 대해 생각해 보라고 했다.

끓는점에서 변화하는 것이라면 상태 변화를 이르는 것입니다. 이때의 상태 변화라는 것은 물이 수증기로 되는 것이고, 물 분자들은 수증기가 되면서 훨씬 자유로운 분자 운동을 하게 될 것입니다.

분자 운동이 활발해진다는 것은 분자끼리 서로 잡고 있던 손을 놓아야 된다는 것이지요. 즉, 물이 수증기가 되려면 분자 간의 인력이 끊어져야 한다는 것입니다.

분자 간의 인력이 끊어지려면 에너지가 필요해요. 가해 준 열에너지를 다른 일로 사용하니까 온도가 상승하지 않았던 거예요.

＿ 다른 일이라는 것은 상태 변화를 이야기하는 것이지요?

물이 수증기로 상태 변화하는 끓는점에서 가해 준 열에너지는 분자 간의 인력이 끊어지는 데 사용되기 때문에 온도가 상승하지 않고 일정합니다.

이와 마찬가지로 녹는점과 어는점이라는 용어도 있습니다.

녹는점은 얼음이 물로 녹는 온도이며, 어는점은 물이 얼음으로 어는 온도입니다. 물질의 어는점과 녹는점의 온도는 같습니다. 물이 얼음으로 응고되거나 얼음이 물로 융해되는 것은 같은 온도인 0℃에서 이루어진다는 것입니다.

녹는점에서도 얼음이 분자끼리의 인력을 끊고 물이 되어야 하므로, 녹는점에서의 온도는 일정하고 변화가 없습니다. 어는점 역시 일정합니다.

＿그럼 물의 끓는점은 항상 100℃이고, 어는점이나 녹는점은 항상 0℃로 변화가 없다는 것이지요?

그렇지요. 어떤 물질이 있는데 그 물질이 무엇인지 모를 때 녹는점이나 어는점, 끓는점을 알아낼 수 있다면, 그 물질의 이름이 무엇인지 맞힐 수가 있습니다.

그렇기 때문에 어떤 물질의 끓는점, 어는점, 녹는점은 그 물질의 특성이 될 수 있습니다. 물질의 특성이라는 것은 다른 물질과는 구분되는 특수한 성질을 말합니다.

물의 양이 많아지면 끓는점과 녹는점은 어떻게 될까요?

＿아까 조마다 냄비의 크기가 달라 물의 양이 달랐는데도 물이 끓는 온도는 비슷했어요.

물을 많이 끓이거나 적게 끓이거나, 끓는점은 변화하지 않습니다. 끓는점은 물질의 특성이니까요. 물을 많이 끓여야 한다면 끓는 온도가 높아져야 되는 것이 아니고, 가열 시간이 길어져야 합니다.

물의 온도에 따른 상태 변화 그래프를 참고하여 볼까요?

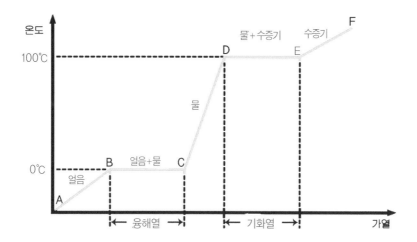

위 그래프에서 녹는점과 끓는점은 각각 어떤 구간일까요?

＿녹는점은 BC 구간이고요, 끓는점은 DE 구간이에요.

압력과 온도에 따른 끓는점과 녹는점의 변화

＿선생님, 전에 가족들과 함께 설악산의 야영장에 간 적이 있는데, 아버지께서 산 위에서는 밥이 잘 익지 않고 설익는다는 말씀을 하셨어요. 음, 물이 끓는 온도가 낮아져서 그렇다던데요……?

중요한 질문을 했군요.

가정에서 밥을 지을 경우 압력솥을 사용하는 경우가 많습니다. 압력솥은 솥 내부의 압력이 높기 때문에 물이 끓는 온도가 높아집니다. 더 높은 온도에서 끓게 되니 압력솥에서는 밥이 빨리 되는 것입니다.

산 위로 올라갈수록 공기가 희박해지므로 기압은 낮아집니다. 기압이 낮아지면 끓는점이 낮아져서 밥이 잘 익지 않게 됩니다. 산 위의 야영장에서 밥이 잘 되도록 하려면 솥 위에 돌을 올려놓아서 압력이 높아지도록 하면 됩니다.

__압력에 따라 끓는점이 변한다면, 우리가 앞에서 물의 끓는점이 100℃이고 녹는점이 0℃라고 했을 때의 압력 기준은 각각 어떻게 되나요?

일반적으로 물의 끓는점을 100℃라 하고 녹는점을 0℃라고 할 때, 기압은 1기압이 기준일 경우입니다. 1기압은 수은기둥 76cm에 해당하는 압력이지요.

__기압에 따라 끓는점이 조금씩 달라진다고 하셨는데, 그럼 기압에 따라 녹는점도 달라지나요?

여러분은 얼음판 위에서 스케이트를 타 본 적이 있나요?

스케이트는 좁은 날로 서 있어야 하므로 얼음 위에 가해지는 압력이 높아지게 됩니다. 스케이트 날이 닿는 부분의 얼음판은 압력이 높아지므로 녹게 됩니다. 얼음의 녹는점도 압력에 따라 달라지는 것이지요.

과학자의 비밀노트

압력(pressure)

글자 그대로 풀이하면 '누르는 힘'이란 뜻으로 특히 공기의 압력은 '기압' 또는 '대기압'이라고 한다. 단위 면적당 가해지는 힘을 '압력'이라고 정의할 때 압력의 단위는 N·m⁻²로 나타낼 수 있으며, 압력을 나타내는 단위는 이 외에도 많이 있다.

⇒1기압＝1atm＝101,325Pa＝101,325N·m⁻²＝1.01325bar＝760mmHg＝76cmHg

위의 단위들 중 mmHg와 cmHg의 Hg는 '수은'을 나타낸다. 이 단위는 토리첼리가 수은을 사용하여 대기압을 측정한 실험으로부터 유래한다. 수은으로 가득 채워진 튜브를 수은이 담겨 있는 그릇에 거꾸로 뒤집어 넣었을 때 그릇 속에 들어 있는 수은에 작용하는 대기압이 76cm 높이의 수은 기둥을 지탱하는 것을 보고 대기압을 76cmHg로 나타낸 것이다.

__ 압력과 온도, 두 조건에 따라 물질의 상태가 달라지는 것이네요.

　　그렇지요. 또한 압력과 온도에 따라 3가지 물질의 상태가 모두 존재하는 경우도 있습니다.

물의 삼중점

　　__ 물의 3가지 상태가 모두 존재할 수 있는 온도와 압력이 있다고요?

　　__ 얼음, 물, 수증기가 모두 한곳에 함께 있을 수 있어요?

　　물의 삼중점이라는 것이 있는데, 온도는 0.01℃이고 압력은 0.006기압일 경우입니다. 그래프를 보며 확인해 볼까요?

　　오른쪽 페이지의 그래프에서 A점이 삼중점으로써, 0.01℃, 0.006기압(4.6mmHg)일 때입니다. 물질의 3가지 상태가 모두 만나고 있는 곳이지요. 온도와 압력 조건을 삼중점과 같도록 한다면 우리는 3가지 상태를 한곳에서 모두 볼 수 있는 것이지요.

　　그래프에서 AC는 고체와 기체가 존재하는 곡선이므로 승화 곡선이라고 합니다. 그래프의 AD는 고체와 액체가 만나

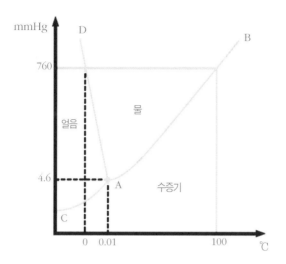

는 곡선이므로 용융 곡선이라고 합니다. 그래프에서 AB는 액체와 기체가 공존하는 온도와 압력을 나타내는 곡선으로 증기압 곡선이라고 합니다.

학생들은 고체와 액체와 기체가 함께 존재하는 온도와 압력 조건이 있다는 사실에 신기해했다.

아이스크림을 사왔어요.
어서들 와요.

우아, 신난다.

그런데 선생님, 아이스크림 포장 안에 얼음덩어리가 있는데 녹지 않고 연기가 나와요?

그건 드라이아이스인데, 고체가 액체 상태를 거치지 않고 바로 기체가 되지요.

고체에서 바로 기체가 되는 걸 뭐라고 해야 되나요?

물을 얼려서 단단한 얼음을 만드는 것은 응고, 얼음이 녹는 것은 융해라고 하는 건 아는데 이건 모르겠네요.

고체가 액체의 과정을 거치지 않고 바로 기체로 되는 것은 승화라고 해요.

그럼 반대로 기체가 액체 과정을 거치지 않고 고체로 변하는 건 뭔가요?

그것 또한 승화라고 해요.

그렇군요. 그럼 냉동실의 성에는 차가운 기체에서 바로 얼음 고체로 되니까 승화겠네요?

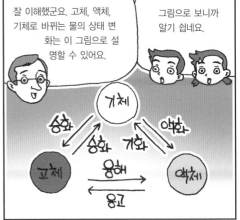

잘 이해했군요. 고체, 액체, 기체로 바뀌는 물의 상태 변화는 이 그림으로 설명할 수 있어요.

그림으로 보니까 알기 쉬워요.

6

물의 구성

물은 산소와 수소로 이루어져 있고 H_2O라고 합니다.
수소와 산소가 결합되어 있는 형태와 물 분자끼리의 결합 형태는 물이 특별한 성질을
갖도록 해 줍니다. 물의 구성과 결합에 대해 알아봅시다.

6

게이뤼삭이 오랜만에 강당에서
여섯 번째 수업을 시작했다.

　기원전 고대 시대의 사람들은 물이 물질의 근본이 된다고
생각하였습니다.

　일찍부터 물질을 이루는 기본이라 생각되어 온 물의 성분
을 최초로 알아낸 과학자는 프리스틀리(Joseph Priestley,
1733~1804)입니다. 산소의 존재를 알아냄으로써 프리스틀리
는 물의 조성을 발견한 최초의 과학자가 되었지만, 그 스스
로가 산소의 정체를 인정하지 못했습니다. 이후에 라부아지
에(Antoine Lavoisier, 1743~1794)는 수소를 연소시키면 물이
된다는 것을 확인했습니다.

수소와 산소로 이루어진 물

　라부아지에가 물이 수소와 산소로 이루어졌다고 발표한 이후에, 나는 물을 전기 분해하는 실험에 몰두하였지요.

　물을 전기 분해하면 수소와 산소가 발생하는데, 이때 나는 양극에서는 산소가 발생하고 음극에서는 수소가 발생한다는 것을 알아내었습니다. 또 발생하는 기체의 부피 비는 산소:수소가 1:2임을 확인하였습니다.

　학생들은 수소와 산소로 이루어진 물 분자의 구조에 대해 궁금해하기 시작했다. 게이뤼삭은 빨간 공과 파란 공을 이용하여 물 분자를 만들었다.

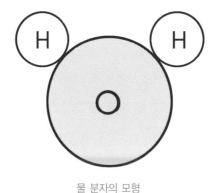

물 분자의 모형

물 분자(H_2O)는 수소 원자(H) 2개와 산소 원자(O) 1개로 이루어진 분자입니다. 수소와 산소가 이루는 각이 $104.5°$가 되는 굽은 구조이지요.

__ 수소 원자가 귀가 되는 곰돌이 같아요.

__ 수소와 산소가 떨어지지 않고 어떻게 결합을 이루고 있지요?

물 분자의 공유 결합

어느 한 물질을 구성하는 원자들은 물질을 이룬 상태에서 서로 쉽게 떨어지지 않도록 특별한 결합이 필요했습니다. 원

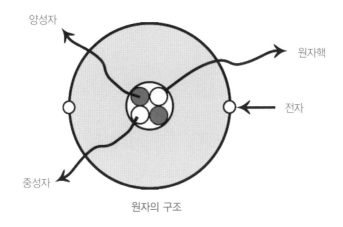

원자의 구조

자는 원자핵과 전자로 이루어져 있는데, 이리저리 자유롭게 돌아다닐 수 있는 것은 원자핵이 아니라 전자이지요. 그러므로 원자와 원자 사이를 전자들이 연결하여 주었습니다.

그런데 원자가 가지고 있는 전자들 중에 결합에 관여할 수 있는 전자들은 원자핵과 가까운 전자들일까요, 아니면 원자핵과 가장 멀리 떨어진 전자들일까요?

__ 이리저리 자유롭게 돌아다니면서 다른 원자들과 결합을 이루려면, 멀리 떨어진 전자들이겠네요.

__ 원자핵과 가까운 전자들은 원자핵과의 인력 때문에 멀리까지 움직이기가 쉽지 않을 것 같아요.

맞습니다. 멀리 떨어져 있는 전자들을 최외각 전자나 원자가전자라고 합니다.

수소 원자는 원자가전자가 1개이고, 산소 원자는 원자가전자가 6개입니다. 루이스(Gilbert Lewis, 1875~1946)라는 과학자는 원자를 둘러싼 원자가전자가 8개를 이룰 때 안정된다고 주장했습니다. 원자가전자를 8개 이루려는 것을 옥테트 규칙이라고 합니다.

대부분의 사람들이 안정된 생활을 원하는 것처럼 물질들도 마찬가지입니다. 자연계에서 존재할 때 물질들도 안정된 상태로 존재하고자 합니다. 그러므로 원자를 둘러싼 원자가전자가 8개가 되어 안정을 이루려고 한답니다.

그런데 수소는 원자가전자가 1개이고 산소는 원자가전자가 6개입니다. 8개가 되려면 각각 가지고 있는 전자들이 부족한 상태이지요. 그래서 수소와 산소는 결합을 이루면서 서로를 충족시켜 주기로 했답니다.

＿ 원자가전자가 8개가 되도록 서로 다른 원자들한테서 전자를 빼앗아 오나요?

전자를 빼앗아 오면 빼앗긴 원자들이 가만히 있겠어요? 다시 되찾아 가고자 하겠지요. 그러면 안정을 이룰 수 없어요. 수소와 산소의 결합이므로, 수소와 산소끼리 문제를 해결해야지요.

＿ 원자가전자가 8개를 이루려면 전자가 부족한 상태인데, 수소와 산소끼리 어떻게 해결하나요?

서로 부족한 대로 전자들을 공유하기로 한 것이지요.

물 분자의 중심에는 산소 원자가 있습니다. 산소 원자는 원자가전자를 6개 가지고 있습니다. 산소 원자에 수소 원자 2개가 다가옵니다. 수소 원자는 원자가전자를 1개 가지고 있습니다. 원자가전자가 1개인 수소 원자가 두 방향에서 다가오고 있는 것입니다.

산소 원자 입장에서 생각해 봅시다. 산소 원자에 수소 원자

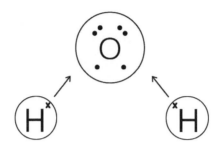

가 두 방향에서 다가오면서 각각 전자를 1개씩 내밀면서 옵니다.

산소 원자는 6개의 원자가전자를 가지고 있는데, 수소 원자 둘이서 원자가전자를 1개씩 내밀면서 다가오니까 산소 원자의 중심에는 모두 몇 개의 원자가전자가 생긴 것이지요?

__ 원래 6개의 전자는 가지고 있었고 수소 원자 둘이서 1개씩 가지고 왔으니까, 모두 2개의 전자가 새로 생긴 것이에요.

__ 새로 2개의 전자가 생겼으니 산소 원자는 8개의 전자를 가지게 되었군요.

그렇습니다. 수소 원자의 원자가전자를 함께 공유함으로써 중심에 있던 산소 원자의 전자는 8개가 되었고, 안정을 이루게 된 것입니다.

__ 그럼, 수소 원자는 전자가 없어진 것이 아닌가요?

허허. 전자가 산소 원자로 아주 간 것이 아니고, 공유했다는 것입니다.

__그럼 수소 원자도 안정된 전자 배치인 8개를 이룬 것인 가요?

수소 원자는 가질 수 있는 전자의 수가 적습니다. 수소 원자의 원자가전자는 2개일 때가 안정된 것입니다. 그림으로 확인해 봅시다.

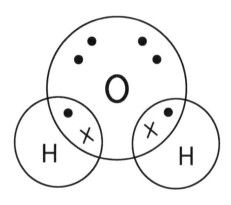

물 분자의 공유 결합 구조

위 그림에서 원자가전자는 •과 ×로 표현했습니다. •은 산소 원자의 원자가전자이고, ×는 수소 원자의 원자가전자 입니다.

산소 원자를 둘러싼 전자는 •과 ×를 합하면 모두 8개입니다. 수소 원자의 전자를 함께 공유한 것이지요.

이번에는 수소 원자 입장에서 생각해 봅시다. 수소 원자는 산소 원자와 전자를 공유하여 모두 2개의 전자를 갖게 되었습니다. 산소나 수소 입장에서 보면 모두 만족스러운 결합을 이룬 것입니다. 옥테트를 이루었으니까요.

게이뤼삭은 물 분자의 모형을 다시 한 번 보여 주었다. 수소와 산소가 공유 결합을 이루고 있다는 생각을 하며 물 분자 모형을 보았다. 수업이 시작되면서 처음 보았던 물 분자 모형보다 훨씬 안정되어 보였다.

물은 극성 분자

게이뤼삭은 통 아래쪽에 수도꼭지 모양의 콕이 달려 있는 커다란 통을 준비해 왔다. 통 안에는 물이 가득 담겨 있었다.
플라스틱 자를 꺼내서 머리카락에 문질렀다. 학생들은 깔깔 웃었다. 마찰에 의해 대전시키기 위한 것이라는 생각을 하면서도, 점점 위로 삐죽삐죽 일어나는 머리카락의 모양이 재미있었다.

자, 이 플라스틱 자는 대전되었습니다.

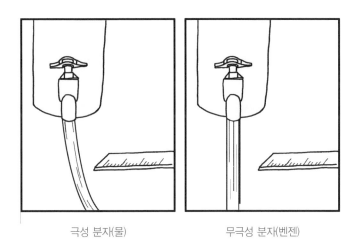

극성 분자(물)　　　　　　　　무극성 분자(벤젠)

　이제 물이 담긴 큰 통의 콕을 열겠습니다. 수도꼭지에서 물이 흘러나오는 것처럼 물이 흐르지요? 이번에는 대전된 플라스틱 자를 가까이 가져가 보겠습니다. 흘러나오던 물줄기가 플라스틱 자 쪽으로 휘어서 흐르는 것이 보이나요?

　__ 물줄기가 자를 따라가네요.

과학자의 비밀노트

대전(electrification)
물질은 보통의 경우 전기적으로 중성 상태 즉, (+)전하량과 (−)전하량이 같은 상태에 있다. 여기에 외부 힘에 의해 전하량의 평형이 깨지면 물체는 (−)전기 혹은 (+)전기를 띠게 되는데 이렇게 전기를 띠게 되는 현상을 '대전'이라 하고 대전된 물체를 '대전체'라 한다.

물 분자의 결합을 좀 더 자세히 살펴볼까요?

산소 원자는 전자를 끌어당기는 힘이 매우 강하고, 수소 원자는 전자를 끌어당기는 힘이 약합니다. 그래서 수소와 산소가 공유한 전자는 산소 쪽으로 더 치우치게 됩니다. 산소 원자 쪽에 음전하의 세기가 더 세어진 것입니다. 수소 원자 쪽은 양전하를 띠게 되겠지요. 이를 극성이라고 합니다.

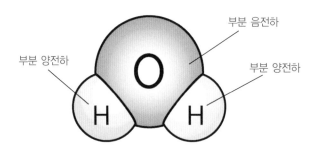

물의 수소 결합

지금까지 물의 극성 공유 결합에 대해 공부하였습니다. 이 결합은 물 분자를 이루는 결합입니다. 분자 내 결합이지요. 그럼 이제 물 분자끼리의 결합, 즉 분자 간 결합에 대해 알아봅시다.

물 분자를 이루는 2개의 수소 원자는 부분적으로 양전하를 띠고 산소 원자는 음전하를 띠는 굽은 형 구조라고 배웠습니다. 이러한 물 분자들이 서로 모여 있게 되면, 어떤 물 분자의 수소 원자는 다른 물 분자의 산소 원자에 접근할 수 있습니다. 그리하여 이웃하는 물 분자의 산소와 수소 원자는 강한 정전기적 인력에 의해 결합이 형성되는데, 이를 수소 결합이라고 합니다.

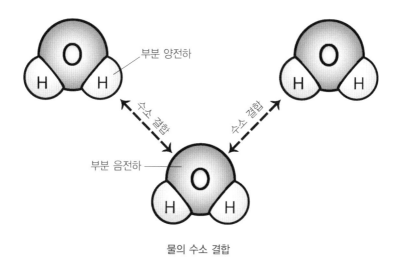

부분 양전하

부분 음전하

물의 수소 결합

물이 얼음이 될 때에도 얼음을 이루는 분자들이 수소 결합을 하며 육각형 구조를 만드는데, 이때 육각형 안쪽으로 빈 공간이 생기므로 얼음의 부피는 물보다 커지게 되는 것입니다.

자, 오늘은 좀 어려운 내용을 공부했지요? 이제 물 분자가

물의 구조

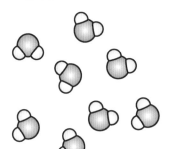

얼음의 구조

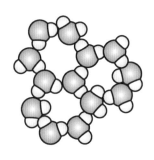

이루는 결합에 대해 정리해 봅시다.

물 분자가 이루는 결합은 무엇이었나요?

＿공유 결합과 수소 결합이요.

두 결합 중에서 하나의 분자 안에 있는 원자들 간의 결합은 무엇인가요?

＿공유 결합이에요.

분자들끼리의 결합으로 분자 간 인력에 큰 영향을 미치는 결합은 무엇인가요?

＿수소 결합이에요.

학생들은 공유 결합과 수소 결합을 혼동하지 않으려고 서로 확인을 했다.

물의 성질

소금쟁이가 물에 떠 있는 것을 본 적이 있나요?
물방울을 잘 관찰해 보면 동글동글 뭉쳐 있는 것을 볼 수 있습니다.
물은 왜 동그랗게 생겼을까요?

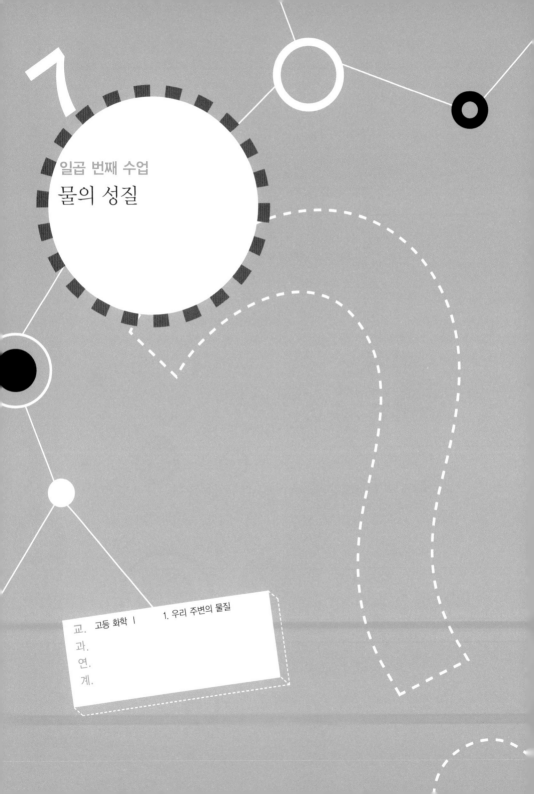

7

일곱 번째 수업

물의 성질

학생들에게 먼저 과제를
수행하게 한 후, 게이뤼삭이
일곱 번째 수업을 시작했다.

게이뤼삭은 물 위에서도 가라앉지 않는 모형 집을 만들어 보라는
과제를 내주었다. 학생들은 아침부터 어떤 재료로 집을 만들어야
물 위에 뜰 것인지를 생각하며 캠프장 주변을 두리번거렸다.

__ 이거면 되겠다.
__ 우리 조가 제일 멋질 거야.

학생들은 길가에서 주운 나뭇가지, 집에서 가져온 플라스틱 자, 빳
빳한 종이, 음료수 병, 병뚜껑 등을 이용하여 집을 만들어 왔다. 학

생들은 냇가로 가서 집을 띄워 보았습니다.

__ 저런, 병뚜껑으로 만든 집은 바로 가라앉네.
__ 플라스틱 자로 만든 집도 그래.

종이로 지은 집은 떠 있는 것 같았지만, 종이가 물을 흡수하면서 이내 가라앉아 버렸다. 하지만 스티로폼 집은 물에 잘 떠 있었다.

스티로폼으로 만든 집은 왜 물에 잘 떠 있을까요?
__ 물보다 가벼우니까요.
__ 병뚜껑은 물보다 무거운 금속으로 되어 있으니까 가라앉는 것이지요.

5명의 학생들은 기세등등하게 대답했다.

무겁고 가벼운 차이로 그렇다는 것인가요? 그럼 아무리 금속이라고 해도 가루를 내면 가벼워질 텐데, 금속을 가루 내어 물속에 넣어 보면 금속 가루가 뜰까요?

학생들은 대답하지 못했다.

물 위에 잘 뜨는 것은 무게 때문이 아니라 밀도 때문이에요.

물의 밀도

밀도는 단위 부피에 해당하는 질량을 의미합니다. 여러 가지 물질이 있을 경우, 같은 부피가 갖게 되는 질량을 의미하지요. 그러므로 단순히 무게가 가볍고 무거운 것과는 다른 것입니다.

아무리 철을 가루로 만들어 조금만 물에 넣어 본다고 해도 철의 단위 부피당 차지하는 질량 값은 일정하므로 물에 가라앉을 수밖에 없는 것이지요. 스티로폼으로 만든 얼굴만큼 큰 자동차와 금속으로 만든 엄지손가락만큼 작고 가벼운 자동차를 물에 넣어 보면 더 잘 이해될 수 있을 것입니다. 스티로폼 자동차가 아무리 크다고 해도 물에 가라앉는 것은 아니며, 금속 자동차가 아무리 작다고 해도 뜨는 것은 아닙니다.

밀도가 크고 작은지를 비교해야 어떤 것이 뜨고 가라앉을지 알 수 있는 것입니다.

여러분, 어제 저녁 식사에 종지에 담긴 간장 소스가 있었어요. 그 간장 소스는 간장에 참기름을 넣은 것이었지요. 생각나나요?

＿ 예, 참기름이 간장과 섞이지 않고 위에 떠 있었어요.

＿그럼, 참기름도 간장보다 밀도가 작기 때문에 떠 있는 것인가요?

그렇습니다. 단위 부피에 해당하는 질량은 어떤 물질이든 간에 일정한 값을 가집니다. 물질의 특성이지요.

＿ 물의 밀도도 정해져 있겠네요.

물의 밀도는 1g/cm³입니다. 물 1cm³를 취해서 질량을 재어 보면 1g이 되는 것이지요.

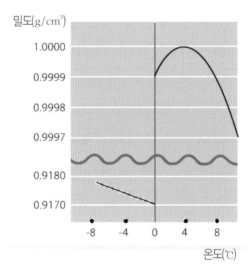

물의 밀도 변화 그래프

__하지만 물에 얼음을 넣어 마실 때 보면 얼음이 떠 있는데, 그럼 얼음의 밀도는 다른 것인가요?

물의 밀도는 온도에 따라 변화합니다. 일정한 양의 물을 얼리면 부피가 커지는 것을 여러분은 이미 알고 있습니다. 얼음의 부피가 물보다 커지니까 밀도는 작아지게 되고 물 위에 뜨는 것입니다.

 __겨울철에 호수가 어는 경우가 있는데, 강물이나 호수 물이 윗부분부터 어는 이유도 밀도 때문이군요.

만약 얼음의 밀도가 물보다 커서 호수의 바닥부터 언다고 한다면, 호수의 물고기들은 겨울을 나지 못하게 될 것입니다. 호수가 윗부분부터 얼게 되니까 오히려 얼음이 찬 대기로부터 물속의 생태계를 보호해 주게 되는 것이지요.

물의 비열

 __겨울철 물속은 오히려 따뜻하다는 말을 들은 적이 있어요. 겨울철에 바다 수영하는 사람들도 텔레비전에서 봤고요. 바다는 잘 얼지 않아서 얼음이 바닷물 속을 보호해 주지 못할 텐데, 왜 더 따뜻하다고 하나요?

그에 대한 답을 하기 위해서는 먼저 비열에 대해 이야기를 해야 되겠군요.

　비열이라는 것은 어떤 물질 1g을 1℃ 상승시키기 위해 필요한 열량을 의미합니다. 단위는 cal/g·℃ 이지요. 비열이 큰 물질일수록 가열하거나 냉각하여도 온도 변화가 쉽게 일어나지 않습니다. 즉, 천천히 냉각되고 천천히 가열된다는 것이지요.

　물은 비열이 큰 편에 속합니다. 겨울이 되어서 기온이 내려가도 지표만큼 빠르게 냉각되지 않는 이유는 물의 비열이 크기 때문입니다. 물은 온도 변화가 크지 않으므로 물속 생물들이 겨울을 잘 지낼 수 있도록 해 줍니다.

　__지금까지 물에 대해 배워 온 많은 내용만으로도 물은 우리가 생활하는 데 고마운 물질인데, 물속 생태계까지 지켜 준다는 것이 참으로 놀라웠어요. 물을 지구의 생명수라고 하는 이유가 이 때문일 것이라는 생각이 들어요.

표면 장력

여러분은 물 위에 떠 있는 소금쟁이를 본 적이 있나요?

게이뤼삭은 소금쟁이의 모습을 보여 주었다.

물 위에 떠 있는 소금쟁이

이 소금쟁이는 어떻게 물 위에 떠 있을 수 있을까요?

__소금쟁이의 밀도가 물보다 작지는 않을 테지요?

예, 밀도 때문에 떠 있는 것은 아닙니다. 소금쟁이의 다리에 기름이 묻어 있는 것도 이유가 되지만, 우리는 소금쟁이가 물 위에 뜰 수 있는 이유를 물과 연관지어 생각해 봅시다.

물방울을 관찰해 보면 동글동글 뭉쳐 있는 것을 볼 수 있습니다. 그런데 앞에서 배운 대로 물은 수소 결합을 하여 분자끼리 강하게 끌어당기고 있습니다. 이 분자 간의 강한 인력 때문에 물은 표면적을 최소화하려는 힘을 작용시킵니다. 이 것을 표면 장력이라고 합니다.

물 분자가 서로 강하게 끌어당겨 표면적이 최소화되려면 둥근 구 형태가 되어야 합니다. 같은 부피에 해당하는 여러 가지 기하 구조 중에서 둥근 구가 가장 표면적이 작기 때문입니다.

＿물방울이 둥근 이유도, 소금쟁이가 뜨는 이유도 표면 장력 때문이라는 말씀이시죠?

네. 물보다 밀도가 큰 바늘도 물 위에 잘 떨어뜨리면 뜰 수 있습니다. 물에는 바늘이 가라앉으려는 밀도를 이겨 내려는 힘인 표면 장력이 있으니까요.

한번 바늘을 뜨게 해 볼까요? 저런, 바늘을 수직으로 떨어 뜨리면 안 돼요. 최대한 수평으로 물 위에 천천히 닿도록 해 야지요.

학생들은 물 위에 바늘을 뜨게 해 보려고 온통 정신을 집중했다. 바늘을 가지고 씨름을 하면서도 오늘 배운 내용을 다시 한 번 되새겼다.

물은 다른 물질에 비해 녹는점이나 끓는점도 높은 편이고,

비열도 큰 편이며, 표면 장력도 갖고 있습니다. 이는 물 분자가 극성을 지니고 있으면서 수소 결합을 하고 있어서 분자들끼리 서로 강하게 끌어당기고 있기 때문입니다.

용질, 용매, 용액, 용해

여기 소금과 설탕이 있습니다. 소금과 설탕을 물에 넣어 녹여 보도록 하지요.

학생들은 각자 비커 2개씩을 준비하여 각각의 비커에 같은 양의 물을 담고, 스푼을 이용하여 소금과 설탕을 따로따로 조금씩 계속 넣었다.

__ 어? 소금이 계속 녹다가 어느 순간 녹지 않고 비커 바닥에 가라앉아요.
소금이 더 이상 녹지 않으면 설탕만 더 녹여 보세요.

어느 정도 시간이 흘렀다. 소금은 얼마 녹지 않았지만 설탕은 소금에 비해 꽤 많은 양이 녹았다.

이제 새로운 비커 2개를 준비해서 온도를 달리하여 설탕을 녹여 봅시다.

학생들은 2개의 비커에 이번에는 더운물과 찬물을 각각 담아 설탕을 찬물과 더운물에 조금씩 넣어 보았다. 물론 물의 양은 같았다.

__ 아하, 더운물에서 더 많이 녹는구나.

학생들은 고개를 끄덕이며 알았다는 표정을 지었다.

소금이 물에 녹는 과정을 간단히 표현하면 다음 같지요.

소금 + 물 → 소금물

소금은 녹는 물질로서 용질이라고 합니다. 물은 녹이는 물질로써 용매라고 합니다. 용질이 용매에 녹은 것을 용액이라고 합니다. 또 용질과 용매가 만나서 용액이 되는 것을 용해라고 하지요. 물은 용질을 잘 녹이는 용매랍니다.

물은 앞에서 배운 대로 극성을 지닌 분자입니다. 물 분자가 부분적으로 양전하와 음전하를 띠는 것이지요. 그렇기 때문

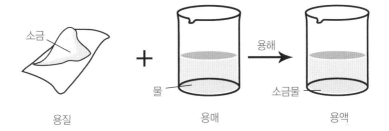

소금 용해 물 소금물

용질 + 용매 → 용액

에 물은 극성을 갖는 용질을 잘 녹이며, 또는 용질이 양입자와 음입자로 이루어진 것이라면 물에 잘 녹습니다.

양입자나 음입자라는 것은 이온을 말합니다. 소금과 같은 것은 물에 녹으면 이온 입자가 됩니다. 나트륨 이온과 염화 이온으로 되는 것이지요. 나트륨 이온은 양이온으로 Na^+이고, 염화 이온은 음이온으로 Cl^-가 됩니다. 양이온은 부분적으로 음전하를 띤 산소 원자가 둘러싸고, 음이온은 부분적으로 양전하를 띤 수소 원자가 둘러싸게 됩니다. 그러므로 이온 입자들이 물에 잘 녹게 되는 것이지요.

__ 물에 잘 녹지 않는 물질도 있나요?

탄산칼슘이나 염화은 같은 물질은 물에 잘 녹지 않는 불용성입니다.

__ 물질마다 물에 녹는 것도 있고 녹지 않는 것도 있군요.

__ 물에 녹더라도 녹는 정도가 물질마다 다른 것 같아요. 조금 전에 한 실험으로는 설탕이 소금보다 더 잘 녹았거든요.

그렇지요. 물질마다 물에 녹는 정도는 다릅니다.

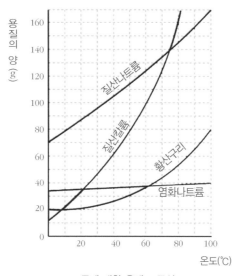

물에 대한 용해도 곡선

물 100g에 최대한 포화 상태로 녹을 수 있는 용질의 양을 용해도라고 합니다. 이 용해도는 물질마다 다르기 때문에 물질의 특성이라고 할 수 있습니다.

__ 같은 물질이라 해도 용해도는 온도에 따라 달라져요.

따뜻한 물에 녹인 설탕이 찬물에 녹인 설탕보다 더 많이 녹았거든요.

잘 관찰했군요. 물의 온도가 따뜻할수록 용질은 물에 더 잘 용해된답니다.

앞 페이지의 용해도 곡선을 참고하여 볼까요?

그래프 곡선상은 포화 상태를 나타내는 것입니다. 물질마다 용해도 곡선은 다르게 나타나며, 온도가 높을수록 더 많은 양이 녹는다는 것을 알 수 있습니다.

% 농도

용해된 용액의 농도를 이야기하는 경우가 많습니다.

조금 전에 소금과 설탕을 녹여 소금물과 설탕물을 만들었는데, 그때에는 농도를 알지 않아도 될 경우였습니다. 그러나 때로는 농도가 정해진 용액을 만들어야 할 경우가 있습니다. 예를 들어 20% 소금물이 필요하다든가, 10% 설탕물이 필요하다든가 할 때이지요.

이럴 경우에는 용질과 물의 질량을 측정하여 용액을 만들면 됩니다.

$$\text{농도(\%)} = \frac{\text{용매}}{\text{용매+용질}} \times 100$$

만약 10%의 설탕물 용액 100g이 필요한데 사용할 설탕과 물의 양을 알고 싶다면, 위의 식을 이용하면 됩니다.

$$10(\%) = \frac{\text{설탕의 양}}{100} \times 100$$

설탕의 양이 계산되었나요? 설탕은 10g이 필요합니다. 또한 설탕과 물이 합쳐진 용액을 100g 만드는 것이므로 용액 100g에서 용질의 질량인 10g을 빼면, 물은 90g을 사용하면 되겠군요.

학생들은 다른 용액의 농도를 다시 계산해 보며 % 농도를 익혔다.

저것 좀 봐. 곤충이 물 위에 떠 있어.

저건 소금쟁이잖아!

그런데 소금쟁이는 어떻게 물 위에 떠 있을 수 있을까?

그건 물의 밀도 때문이 아닐까?

밀도 때문에 떠 있는 것은 아니에요. 소금쟁이가 물 위에 뜰 수 있는 이유를 물과 연관지어 생각해 보세요.

물이요?

이것을 한번 보세요.

신기하게 풀잎에 물방울들이 동글동글 뭉쳐져서 맺혀 있네요.

물방울은 왜 흘러내리지 않고 뭉쳐 있는 거죠?

물은 수소 결합을 해서 분자 간의 강한 인력 때문에 표면적을 최소화 하려는 힘을 작용시키지요.

표면적이 최소화되려면 구 형태가 제일 좋겠네요.

맞아요. 이것을 표면장력 이라고 해요.

그러면 물방울이 둥근 이유도, 소금쟁이가 뜨는 이유도 모두 표면장력 때문이었군요.

8

물의 오염

물은 지구 안에서 순환합니다.
우리가 사용한 물을 자연에게 돌려주고 또다시 사용하려면
물이 오염되지 않도록 보호해야 합니다.

마지막 수업

물의 오염

게이뤼삭이
자못 섭섭한 표정을 지으며
마지막 수업을 시작했다.

학생들의 얼굴에도 섭섭한 표정이 가득했다. 들로 산으로 시냇가로 다니면서 공부했던 지난 수업 시간들이 새삼스럽게 떠올랐다.

우리는 그동안 물에 대해 아주 많은 내용들을 공부했습니다.

때때로 물은 우리에게 홍수를 안겨 주어서 곤란하게 만들 때도 있지만, 우리의 생활이 존재하도록 하고, 또 변화되도록 해 줍니다. 생명체들에게 있어서 물은 몸을 구성하게 해 주는 것은 물론, 체온 조절을 해 주고, 양분을 운반하고, 순환 작용, 배설 작용에도 관여합니다. 지표를 변화시키기도 하고, 거대한 암석을 작은 돌멩이로 부서뜨리는 엄청난 작용도 합니다.

이러한 물은 순환을 합니다. 바다나 지표의 물은 증발하여 구름이 되고, 구름은 비를 내리고, 내린 비는 강물로, 바닷물로 모이게 됩니다. 또다시 물은 증발하여 구름이 되겠지요.

물은 순환하여 계속 사용할 수 있으므로 사람들은 물을 소홀히 대합니다. 아껴서 깨끗하게 잘 쓴 후 자연으로 돌려줘야 다시 사용할 수 있는 것인데, 그렇지 않은 것이지요.

물을 오염시키는 원인

여러분은 썩은 물을 보았나요?

__공장 폐수가 흘러들어 더러운 거품이 많이 생기고, 물고기들이 떼를 지어 배를 보이며 죽어 있는 장면을 가끔씩 텔레비전을 통해서 보았어요.

__저희 할머니 댁에서는 젖소 같은 가축들을 많이 키우는데, 집 앞의 개울물에 동물들의 배설물이 흘러들어 개울물이 아주 더러워졌어요. 제가 더 어릴 때에는 개울물이 깨끗해서

그 안에 들어가서 놀기도 했거든요. 근래에 배설물 처리 시설을 만들어서 동물의 배설물이 더 이상 개울로 들어가지는 않게 되었지만, 여전히 그 개울물에서 놀 수는 없어요. 아직도 악취가 나고 시커멓거든요.

여러분이 물을 오염시킨 적이 있다는 생각은 해 보지 않았나요?

학생들은 아무도 자신이 물을 오염시키고 있다고 생각하지 못했다.

여러분은 샴푸를 너무 많이 사용하여 거품이 많이 나는 물을 하수도에 버린 적이 있을 것입니다. 또 우유나 주스를 마시다가 하수구로 흘려보낸 적도 있을 것이고요.

__그런 경우에도 물이 오염되나요?

그 물들이 다시 깨끗하게 되려면, 산소가 용해된 깨끗한 물이 다량으로 유입되어 아주 많은 시간이 흘러야 합니다.

공장 폐수나 가축의 배설물 외에도 사람들의 생활 속에는 물을 오염시키는 원인들이 아주 많아요. 물을 사용하는 누구나 물을 오염시킬 수 있습니다.

물의 자정 작용

오염된 물의 양이 적다면, 물은 스스로 깨끗한 상태로 돌아
갈 수 있습니다. 물속에 사는 미생물들의 도움을 받으면 되
는 것이지요. 미생물들은 물에 유입된 오염 물질들을 분해해
줍니다.

이와 같이 자연은 스스로 환경 오염 물질을 정화하는 힘이
있는데, 이를 자정 작용이라고 합니다. 물의 자정 작용은 고
인 물보다 흐르는 물에서 더 활발하지요.

그런데 너무 많은 오염 물질들이 강으로 흘러들었을 경우
는 분해시킬 물질들이 많아졌으므로, 미생물들은 빠르게 번
식하며 오염 물질을 분해할 것입니다. 하지만 미생물도 생물
체이므로 호흡을 하여야 하고, 호흡에는 산소가 필요합니다.
한꺼번에 너무 많은 미생물이 모여 있게 되면 물속의 산소는
부족하게 됩니다. 미생물들은 오염 물질을 분해시키는 일을
끝마치기 전에 호흡을 하지 못하여 죽게 되는 것이지요.

__저런, 그 물은 죽은 물이 되겠군요.

__물속에 산소가 많아야 깨끗한 물이겠네요.

물속에 산소가 얼마나 용해되어 있는지, 또 오염된 정도가
얼마인지를 알아보는 지표가 있습니다.

DO, BOD

DO는 용존 산소량으로서, 물속에 녹아 있는 산소량이 많을수록 수치가 높습니다. BOD는 생물학적 산소 요구량으로서, 유기물에 대한 물의 오염 정도를 나타내 줍니다. 물속에 유기물이 많으면 이를 분해해야 될 미생물들이 많아지고, 생물학적 산소 요구량(BOD)은 높아지게 됩니다.

깨끗한 물의 DO 수치와 BOD 수치는 어떨까요?

__DO는 높고 BOD는 낮아야 돼요.

__ 선생님, 우리가 생활하면서 버린 물은 바로 하천으로 가는 건가요?

아닙니다. 우리가 사용하고 버린 오염된 물은 먼저 하수 처리장으로 갑니다.

하수 처리

생활 하수나 폐수는 하수 처리장에 보내져서 정화 과정을 거치게 됩니다. 이곳에 오염된 물이 도착하면 먼저 침사지에서 그물망으로 나무, 비닐을 걸러 내고, 흙이나 모래를 가라앉힙니다. 다음은 침전지로 이동합니다. 침전지에서는 침사지에서 제거되지 않은 부유성 물질을 침전시킵니다. 여기까지는 물리적 처리 단계라고 할 수 있지요.

다음 단계는 생물학적 처리 단계입니다. 포기조에서 미생물을 이용하여 오염 물질을 분해하는 것입니다. 미생물들이 분해 작업을 잘할 수 있도록 하려면 많은 양의 산소를 공급해 주어야 합니다.

그다음 단계는 화학적 처리 과정입니다. 오염 물질을 먹고 자란 미생물을 침전시키고, 염소를 이용하여 살균 작용을 합니다.

이렇게 하수 처리된 물은 방류되어 자연으로 돌아갑니다. 이 물은 언젠가 다시 비가 되어 우리와 만나겠지요?

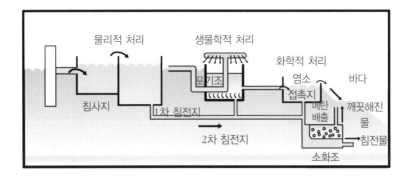

하수 처리 과정

어라, 누가 하천에 쓰레기를 버린 거야. 물이 더러워지면 어떻게 하려고….

선생님, 물이 얼마나 오염된 건지 알아볼 수 있는 지표 같은 게 있나요?

그럼요. DO(용존 산소량)은 물속에 녹아 있는 산소량으로, 많을수록 수치가 높아요. BOD(생물학적 산소 요구량)은 유기물에 대한 물의 오염 정도를 나타내지요.

물속에 유기물이 많으면 좋은 건가요?

물의 오염도 측정 < DO 용존 산소량 / BOD 생물학적 산소 요구량

물속에 유기물이 많으면 이를 분해해야 될 미생물들이 많아져서 BOD는 높아지게 되지요.

그러면 깨끗한 물은 DO 수치는 높고, BOD 수치는 낮아야 하는군요.

깨끗한 물
DO 수치(↑)
BOD 수치(↓)

선생님, 우리가 생활하면서 버린 물은 바로 하천으로 가는 건가요?

아니에요. 생활하수나 폐수는 하수 처리장에 보내져서 정화 과정을 거치게 된답니다.

어떤 과정을 거쳐서 처리되나요?

먼저 물리적 처리 단계로 침사지, 침전지에서 쓰레기를 제거한 후 생물학적 처리 단계에서 미생물을 이용하여 오염 물질을 분해하지요.

여러 단계를 거치는군요.

쓰레기 제거
생물학적 처리
화학적 처리
물리적 처리
미생물 이용
미생물 침전 →
염소 이용

마지막 단계는 화학적 처리 과정으로 오염 물질을 먹고 자란 미생물을 침전시키고, 염소를 이용하여 살균 작용을 하면 끝이지요.

물은 그런 과정을 거쳐서 깨끗해 지는군요.

게이뤼삭은 프랑스 중부 생 레
오나르에서 태어났습니다. 파리
공과 대학인 에콜 폴리테크니크
에서 공부하였으며, 성적이 우수
하여 당시 유명한 화학자인 베르
톨레의 조수로 들어가 연구하게
되었지요. 베르톨레는 화학 반응은 정반응과 역반응이 동시
에 일어나는 가역 반응이라는 것을 알아낸 과학자입니다.

1804년 장 바티스트 비오와 함께 기구를 만들어 지구의 대
기권을 조사한 데 이어, 1805년에는 훔볼트와 함께 상공
7,016m까지 올라가서 대기의 성분을 연구한 후 수소와 산소
가 화합하는 부피의 비를 알아냈습니다. 게이뤼삭과 훔볼트
는 산소 부피 100이 수소 부피 199.89와 결합한다는 것을 알

아낸 것이지요.

당시 과학의 발달 정도로 볼 때 게이뤼삭의 연구 결과는 참으로 정확하다고 할 수 있습니다. 오늘날에도 산소:수소의 반응 부피는 1:2라고 알려져 있습니다.

수많은 기체들의 화학 반응 조사를 통해 그는 1808년 기체 반응의 법칙을 공표했습니다. 화학 반응에서 반응 물질과 생성 물질이 기체일 때 같은 온도와 같은 압력 하에서는 이들 기체의 부피 사이에는 간단한 정수비가 성립한다는 법칙이지요.

게이뤼삭은 기체 반응 부피의 법칙을 발견한 후 돌턴의 원자 가설에 모순이 있음을 발견하고 이를 충고하였으나 돌턴이 받아들이지 않았답니다. 당시에는 원자가 부피에 대응하는 것으로 생각하는 과학자가 많았기 때문이지요.

그러나 스웨덴의 과학자인 베르셀리우스는 게이뤼삭의 연구 결과를 받아들여 물을 H_2O로, 암모니아를 NH_3와 같은 화학식을 사용하기로 결정했답니다. 게이뤼삭의 연구는 이탈리아의 물리학자인 아보가드로가 분자설을 제시하게 된 것에 큰 영향을 미쳤답니다.

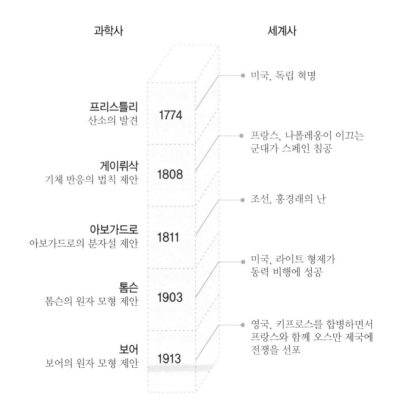

과학사		세계사
		미국, 독립 혁명
프리스틀리 산소의 발견	1774	
		프랑스, 나폴레옹이 이끄는 군대가 스페인 침공
게이뤼삭 기체 반응의 법칙 제안	1808	
		조선, 홍경래의 난
아보가드로 아보가드로의 분자설 제안	1811	
		미국, 라이트 형제가 동력 비행에 성공
톰슨 톰슨의 원자 모형 제안	1903	
		영국, 키프로스를 합병하면서 프랑스와 함께 오스만 제국에 전쟁을 선포
보어 보어의 원자 모형 제안	1913	

1. 지표에 존재하는 물은 증발하여 구름이 되고, 구름이 된 물은 대기를 통해 지표로 내려오는데, 이를 물의 ☐☐ 이라고 합니다.
2. 비나 눈이 내리는 기상 현상의 원인은 지구에 ☐ 분자가 있기 때문입니다.
3. 비는 지표의 상류 지역에서부터 하류 지역을 거쳐 바다로 흘러가는데, 흐르는 물은 ☐☐ 를 변화시키는 데 큰 영향을 줍니다.
4. 인체에서 ☐ 이 차지하는 비율은 66% 정도가 됩니다.
5. 물질의 상태 변화의 요인은 ☐☐ 와 ☐☐ 입니다.
6. 열에너지를 방출하며 일어나는 상태 변화는 기체가 액체로 변화하는 ☐☐ 와, 액체가 고체로 변화하는 ☐☐, 기체가 고체로 변화하는 ☐☐ 가 있습니다.
7. 물 분자 간의 ☐☐ ☐☐ 때문에 분자간의 인력이 강하여, 물은 끓는점이 높고 비열이 크며, 표면 장력의 성질이 생깁니다.

   최근 전 세계적으로 이상 기후 현상이 나타나고 있습니다. 예상치 못한 폭우와 폭설, 그리고 연평균보다 높은 기온은 우리 인간의 삶을 재난과 고통으로 몰아가고 있습니다.

   유엔 산하의 국제 기구인 IPCC(Intergovernmental Panel on Climate Change)는 기후 변화와 관련된 지구의 문제를 진단, 평가하고 대책을 마련하기 위해 1988년 설립된 협의체입니다. 이 협의체에서는 다가올 지구의 기후를 예측하고 경고합니다.

   2007년 프랑스 회의에서는 금세기 안에 지구 표면 온도가 1.8~4.0℃ 상승할 것이라고 예상하며 앞으로 더욱 심각한 폭우와 가뭄, 폭염, 해수면 상승을 겪을 것이라고 했습니다.

   최근 우리나라의 기후도 여름에는 장마와 별개로 국지성 호우가 내리는 등 예측이 어렵고 돌발적 상황을 일으키는 경우가 잦아지고 있습니다. 목성이나 금성 등 다른 행성과는 다르게 지구에서 기상 현상이 일어나는 이유는 무엇일까요?

기상 현상을 일으키는 원인은 바로 지구에 수증기가 있기 때문이지요. 수증기는 지구의 지표와 지하, 대기를 순환하는 물질입니다. 지구 곳곳의 물을 잘 다스려야 지구가 편안하다고 할 수 있는 것입니다.

그런데 최근의 이상 기후 현상의 주요 원인 중 하나는 이산화탄소입니다. 이산화탄소가 지구 온난화 현상을 가속시켜서 이상 기후 현상을 초래하는 것이지요.

현재 대기 중 이산화탄소의 농도는 386ppm 정도입니다. 그런데 대기 중 이산화탄소의 농도가 700ppm에 도달할 것으로 예측되는 2100년에는 평균 기온이 남부 유럽과 미국 중서부는 40℃, 인도, 중동, 호주는 50℃를 넘을 것으로 예상된다고 합니다. 이산화탄소 배출량의 증가로 인한 지구 온난화 현상은 해안과 섬 지역 침수, 가뭄 현상을 초래하고, 이에 따른 생태계의 변화도 발생합니다.

예전엔 기후를 잘 다스리려면 물을 잘 사용해야 했습니다. 이제 물 외에도 배출되는 이산화탄소량을 잘 통제해야만 기후를 제대로 다스릴 수 있습니다.